대한민국
오지여행

그리고책
andbooks

대한민국
오지여행

1판 1쇄 발행 2021년 7월 15일

지은이 성연재, 이은덕
펴낸이 김선숙, 이돈희
펴낸곳 그리고책(주식회사 이밥차)

주소 서울시 서대문구 연희로 192 이밥차 빌딩
대표전화 02-717-5486
팩스 02-717-5427
홈페이지 www.2bc.co.kr
출판등록 2003년 4월 4일 제10-2621호

본부장 이정순
편집책임 박은식
편집진행 조효진, 김지원
영업마케팅 이교준, 백수진, 임정섭, 이가원
경영지원 원희주
교열 김혜정
표지디자인 이용석
본문디자인 김동규

ⓒ2021 그리고책
ISBN 979-11-970531-7-7 13980

대한민국 오지여행

나만 알기 미안한 최고의 언택트 여행지

UNTACT TRIP 99 BEST CAMPING

THE WILD

그리고책
andbooks

머리말

봄이면 들에서 소풍, 여름이면 바닷가 물놀이, 가을이면
산으로 단풍 구경, 겨울이면 눈 쌓인 스키장.

지나가는 계절이 아쉬워 계절 따라 즐기다 보면 어느새
1년이 지나고, 다시 내년을 기약하게 된다. 사계절이 놀
거리, 볼거리로 가득 찬 대한민국은 그만큼 어딜 가나
사람으로 가득하다.

일과 사람에 치여 지쳐 있던 일상에서 잠시 벗어나고자
떠났던 여행지에서조차 북적이는 인파에 스트레스만 안
고 돌아온 경험이 한 번쯤은 있을 것이다. 그럴 때면 인
적 드문 곳에서의 여유롭고 느긋한 휴가를 바라게 된다.
북적북적한 여행지는 잠시 다음으로 미루고 조금 느릴
지라도 소박하고 조용한 오지 여행을 권한다. 식수도 전
기도 제대로 갖춰지지 않은 오지에서의 여행이 수고스
러운 일처럼 보일지 모른다. 하지만 함께 간 사람들과
힘을 모아 텐트를 설치하고, 음식을 만들고, 혼자만의
독서시간을 가지고, 잠시 눈을 붙이다 보면 다시금 삼삼

오오 모여 이야기를 나누는 시간이 온다. 이렇듯 오지에서의 시간은 별다른 노력 없이도 저절로 꽉 채워진다. 오지 여행지에서는 어떻게 시간을 보내야 할지 고민하지 않고, 어떻게 흘러갔는지 깨닫기만 한다.

오지(奧地)는 깊숙하고 그윽한 곳이다. 하지만 볼거리가 너무 없다면 '여행의 재미'가 없다. 이 책을 쓰면서 가장 많이 고민한 것이 오지 여행지를 고르는 일이었다. '오지성'과 '볼거리'의 절묘한 황금비율⋯ 그곳을 찾으러 전국 방방곡곡을 돌아다니며 오지 여행지 100여 곳을 선정했다. 거리·시간상의 부담으로 쉽사리 오지 여행을 떠나지 못하는 수도권 거주자들에게 오지성은 다소 떨어지나 주말이나 당일치기로 다녀올 수 있는 수도권 인근의 오지 여행지를 소개하는 것도 잊지 않았다.

설렘은 낯섦에 대한 기대이다. 익숙하지도 편하지도 않은 곳에서, 자연에 나를 맞춰가는 것이 오지 여행의 재미다. 근심과 걱정은 일상에 잠시 놓아두고 설레는 마음으로 오지 여행을 떠날 준비를 해보자.

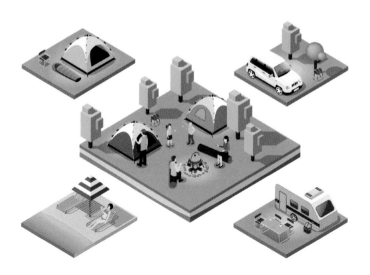

CON
TENTS

01 경기도 / 인천광역시

02 강원도

03 충청도

04 전라도

05 경상도

오지 여행지 한눈에 보기

경기도/인천광역시

① 포천 한탄강 주상절리길,
　포천 국망봉자연휴양림
② 가평 경반분교
③ 양주 교외선
④ 화성 궁평항과 국화도
⑤ 옹진 장봉도
⑥ 강화 동검도,
　강화 석모도 장구너머포구와
　민머루해수욕장
⑦ 영종도 마시안해변
⑧ 옹진 승봉도
⑨ 옹진 사승봉도
⑩ 대이작도

강원도

① 화천 비수구미
② 인제 쌍다리마을
③ 인제 아침가리,
　인제 상남천
④ 인제 진동계곡과 방태산
⑤ 홍천 마곡유원지
⑥ 원주 치악산 구룡계곡
⑦ 평창 하늘마루 목장
⑧ 평창 청옥산 육백마지기
⑨ 강릉 부연동
⑩ 강릉 오대산 소금강계곡
⑪ 평창 오대산 전나무숲길
⑫ 정선 졸드루휴양지
⑬ 동해 두타산 무릉계곡
⑭ 삼척 해안들
⑮ 원주 솔치 송어파티

⑯ 정선 연포마을
⑰ 영월 미다리마을
⑱ 정선 동강 캠핑장

충청도

① 충주 삼탄유원지
② 제천 청풍로 자드락길
③ 단양 다리안계곡과 천동계곡
④ 단양 새밭계곡
⑤ 충주 목계솔밭
⑥ 충주 수주팔봉
⑦ 괴산 산막이마을
⑧ 괴산 연풍레포츠공원
⑨ 단양 도깨비마을
⑩ 단양 사동계곡
⑪ 태안 몽산포해수욕장
⑫ 홍성 남당항
⑬ 보령 청소역
⑭ 서천 춘장대 솔밭해변
⑮ 논산 연산역
⑯ 금산 적벽강
⑰ 금산 방우리마을
⑱ 영동 송호국민관광지
⑲ 옥천 금강변
⑳ 영동 월류봉과 민주지산
㉑ 영동 황간역

전라도

① 진안 운장산
② 장수 토옥동계곡
③ 임실 옥정호
④ 군산 선유도

⑤ 부안 모항해수욕장
⑥ 구례 섬진강
⑦ 목포 외달도
⑧ 신안 자은도
⑨ 신안 비금도
⑩ 신안 도초도
⑪ 해남 땅끝마을
⑫ 완도 약산도
⑬ 완도 보길도
⑭ 완도 여서도
⑮ 여수 안도와 금오도

경상도

① 봉화 고선계곡
② 봉화 분천역
③ 울진 양원마을
④ 울진 통고산자연휴양림
⑤ 영양 수비마을
⑥ 문경 운달계곡
⑦ 영주 무섬마을
⑧ 상주 지지가든
⑨ 청송 신성계곡
⑩ 영덕 장사해수욕장
⑪ 영덕 메타세콰이어숲
⑫ 군위 화산산성
⑬ 의성 빙계계곡
⑭ 군위 화본역
⑮ 합천 오도산
⑯ 창녕 우포늪
⑰ 의령 한우산
⑱ 통영 비진도해변
⑲ 통영 욕지도

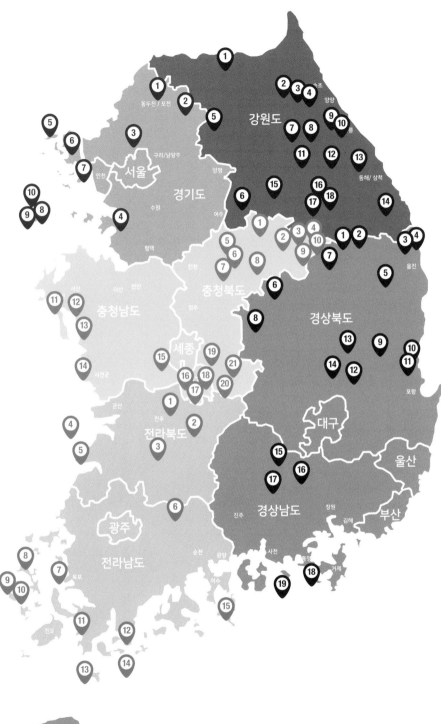

준비물

펜션이나 민박에 머무르는 여유롭고 편안한 여행도 좋지만, 오지로 떠난 여행이니만큼 자연 속에 어우러져 캠핑을 체험하는 것도 제대로 오지를 즐기는 방법이다.

숙박시설을 이용한다면 반드시 사전에 예약하자. 특히 여름 휴가철이나 극성수기에는 여유를 갖고 한두 달 전에 예약하는 것이 좋다.

오지에서의 캠핑은 장소가 마땅치 않아 걱정될 수 있다. 하지만 캠핑시설이 잘 갖춰진 캠핑장, 바닷가 여행지, 숲을 낀 휴양림의 야영지와 계곡 등 캠핑을 즐길 만한 장소는 오지 어디에든 있다.

캠핑 의자에 앉아 책을 읽기도 하고 잠시 낮잠을 자도 좋다. 음악을 틀어놓고 보드게임을 하거나 불멍을 하며 사색에 빠지는 것도 좋다.

블루투스 스피커

여행에 음악이 빠지면 서운하다. 작지만 배터리가 오래가고 성량이 좋은 블루투스 스피커가 좋다. 주변에 피해를 주지 않는 정도라면 언제든지 음악을 즐길 수 있다.

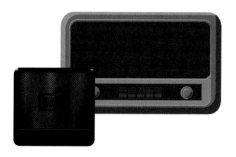

휴대용 전기포트

몸통이 실리콘으로 제조된 포트는 접어서 보관할 수 있어 공간 활용에 탁월하다.

책

혼자만의 시간을 갖기에 책만한 것이 없다. 부피가 크지 않고, 흐름이 끊겨도 크게 구애받지 않는 단편집이 좋다.

보드게임

분위기를 환기하고 모여서 시간 보내기에 좋다. (루미큐브, 할리 갈리, 젠가 등)

미니 전구

여행의 추억은 사진으로 남는다. 미니 전구를 활용해 예쁜 포토스폿을 만들어 추억을 남기자.

미니 화로

대세는 불멍. 말 그대로 불을 보며 멍을 때리는 것을 말한다. 작은 화로를 준비해 가만히 앉아 사색의 시간을 가져보자. 간편하게 제조가 가능한 불멍세트를 이용하면 좋다.

랜턴

가스/가솔린/등유/전기/건전지 등 종류가 다양하지만, 최근에는 LED랜턴이 대세이다. 여름철 벌레 퇴치 효과가 있고 캠핑 분위기를 아름답게 조성한다.

텐트

입문용으로 좋은 돔 텐트
설치와 해제가 쉽고 가벼워 여름에 적합하다. 타프와 함께 사용한다.

널찍하고 쾌적한 거실형 텐트
4인 이상 또는 가족 캠핑에 사용하고, 봄·가을·겨울에 적합하다. 타프 없이 사용이 가능하다.

타프

돔 텐트와 함께 활용하면 쾌적하고 넓게 공간
활용이 가능하다. 자외선 및 우천 시 빗물을
차단해 여름철 야외 활동이 가능하다.
캠핑abc제공

시트

텐트의 손상을 막아주고 바닥에
서 올라오는 습기와 냉기, 빗물을
차단한다. 텐트 사이즈보다 살짝
작은 크기로 구매하는 것이 좋다.

매트

냉기와 습기를 차단한다. 난방에 적절하고 쿠션감을
더해 편안한 잠자리 제공한다.

베개, 침낭 → 가정에서 사용하는 베개, 담요, 이불로 대체
코펠 → 냄비, 압력밥솥으로 대체
스토브 → 휴대용 가스레인지로 대체
테이블, 의자, 수납용품 → 폴딩박스+자작나무 상판으로 대체

이 책의 사용법

오지성 ★★★★★

인제 진동계곡은 청정 ㄱ
공기 좋은 곳에서 휴양

오지성

대도시와 접근성을 객관화한 척도. 대도시 주변의 잘 다져진 길을 이용해 접근 가능한 여행지부터 비포장도로를 수십 km 이상 달리는 여행지, 배를 타고 들어가는 섬 여행지까지 세분화하여 별(★)로 점수를 매겼다. 별의 개수가 많을수록 대도시와 물리적으로 떨어진 오지 여행지이다.

난이도 ★★★★☆

자연이 잘 보존되어 있어
할 수 있다. 숲속에서 캠

난이도

캠핑장 혹은 숙박시설이 잘 갖춰진 정도를 객관화한 척도. 샤워시설, 청결한 화장실 등 편의시설이 잘 갖춰진 숙박시설이 있는 여행지부터 주변에 편의시설이 없고 열악한 숙박시설뿐인 여행지까지 세분화하여 별(★)로 점수를 매겼다. 별의 개수가 많을수록 편리함은 떨어지니 철저히 준비하는 것을 권한다.

오지성 ★★★★★ **난이도** ★★★★☆

인제 진동계곡은 청정 자연이 잘 보존되어 있어 물 맑고
공기 좋은 곳에서 휴양할 수 있다. 숲속에서 캠핑을 즐길 수 있는 방태산자연휴양림까지.
대한민국 오지 중 오지인 인제로 떠나보자.

> 방태산 앞 진동계곡에는 열목어를 잡는 플라이낚시가 가능하다.

공기 좋은 계곡에서 삼림욕을 즐길 수 있는 **인제**
진동계곡과 방태산

여행 정보

먹을거리

✦ 동검꽃게탕
⌂ 인천 강화군 길상면 동검길65번길 11
  동검꽃게탕활어회
☎ 032-937-8180
동검도에는 식당이 많지 않다. 꽃게탕
(중, 50,000원)과 밴댕이회무침(30,000
원)이 주메뉴이다.

✦ 토가
⌂ 인천 강화군 화도면 해안남로 1912
☎ 032-937-4482
강화도에 있는 순두부찌개집이다. 새우
젓으로 간을 해서 자극적이지 않으며 개
운하고 깔끔하다. 순두부 8,000원, 두부
김치 9,000원.

✦ 나룻터꽃게집
⌂ 인천 강화군 내가면 중앙로 1270
☎ 032-933-4442
강화도에 있는 꽃게로 유명한 집이다.
꽃게 세트(1인, 30,000원), 산꽃게탕(소,
60,000원).

볼거리

✦ DRFA365예술극장
⌂ 인천 강화군 길상면 동검길63번길
  60
☎ 070-7784-7557
영화를 보기 위해서는 홈페이지(drfa.co.
kr)에서 회원가입하고 예약하면 좌석
이 정해진다. 하루에 3회(11:00, 13:00,
15:00) 상영하며 매회마다 상영 영화
가 다르다. 단체로 갈 경우엔 보고 싶
은 영화를 선택할 수도 있다. 관람료는
15,000원(커피 포함)이고 식사를 포함하
면 30,000원이다.

✦ 본사랑미술관
⌂ 인천 강화군 길상면 동검길 154번길 36-55
☎ 032-937-5731
프랜차이즈로 유명한 '본죽'에서 운영하는 미술관 겸 카
페이다. 미술관의 수익금은 사회공헌으로 쓰인다. 카페 창
가을 갯벌이 가득 메우고 있어 특이한 풍경이다. 미술관
앞마당에 바위와 억새가 어우러진 풍경이 사진 배경으로
도 참 예쁘다. 동검도 중에서도 후미진 곳에 있어 휴관이
잦으니 미리 연락하고 방문하자. 오전 10시-오후 7시 운
영, 월요일은 휴무.

숙소

✦ 동검도노을캠핑장
⌂ 인천 강화군 길상면 동검길 159-13
☎ 010-2213-7770
· **홈페이지** : www.강화오토캠핑장.kr
폐교자리에 세운 캠핑장이다. 동검도의 서쪽에 위치해서
특히 노을 풍경이 아주 예쁘다. 남녀화장실도 구분되어
깔끔하다.

✦ 검다관광농원 캠핑장
⌂ 인천 강화군 길상면 동검길 159-47
☎ 010-4936-5802
동검도에 있는 캠핑장 중 가장 높은 곳에 위치한 계단식
캠핑장이다. 화장실과 샤워장이 현대식으로 깔끔하게 관
리되고 있다. 오션뷰는 두말할 나위 없이 좋다.

교통편

자동차로 가는 것이 편하지만, 대중교통도 가능하다. 대중
교통 이용 시 강화터미널에서 버스 51번을 타고 동검도에
내리면 된다(강화터미널 첫차 06:15, 동검도 막차 20:10 /
배차간격 35-165분).

경기도 / 인천광역시 **027**

경기도 /
인천광역시

경기도 화성시 '궁평항'

01

조선 시대 중국의 교역선과 전국의 곡물을 실은 배들로 붐볐던 동검도. 오래전 찬란했던
날들을 그리워하는 듯 동검도의 노을은 유독 붉은빛이 돈다. 가족, 연인과 함께
노을을 바라보며 소중한 추억을 남기고 싶다면 작고 조용한 섬, 동검도를 추천한다.

노을이 아름다운 동검도.

재미를 만들어가는 섬 강화
동검도

강화도 옆 작은 섬, 동검도

동검도는 강화도 하단에 붙은 자그마한 섬이지만 나름의 역사가 있는 곳이다. 조선시대 충청도, 전라도, 경상도에서 걷은 곡물을 한양으로 올리던 뱃길이었다. 또한 중국 교역선들이 들러 통관을 받은 곳으로, 강화도의 '동쪽에서 검문하는 곳'이라고 하여 동검도라고 불렸다.

동검도의 가장 높은 곳이 106m이고 여의도 반 만한 크기 (1.61㎢)에 섬 둘레가 7km 남짓 정도이니, 얼마나 작은 섬인지 짐작이 간다. 위쪽에서 강화도를 내려다보면 마치 종지를 엎어 놓은 듯 옹기종기한 섬이다. 섬은 갯벌로 둘러싸여 있고 조개와 바지락이 많이 잡힌다.

강화도와 동검도를 잇는 다리.

동검도 노을캠핑장에서 본 노을.

지금은 강화도와 다리로 연결되어 자동차로 쉽게 입도 가능하다. 서울 중심가에서 2시간 남짓한 거리이고 대중교통으로도 찾아갈 수 있다. 부담 없이 떠나는 주말 여행지나 캠핑여행지로 추천한다.

동검도 둘러보기

김포에서 강화초지대교를 타고 들어와 강화도 남쪽으로 이어진 해변도로로 내려가면 동검도가 보인다. 강화도와 동검도를 연결하는 다리는 1985년도에 둑 형태로 놓았다가 해수가 흐르지 못해 섬 주변 갯벌이 줄어들었다. 2018년에 일부 구간에 둑을 헐어내고 대신 교각을 내어서 해수 흐름을 살려 갯벌 생태를 복원했다.

동검도에 입도하고 바닷길을 따라가면, 첫 번째 삼거리가 나온다. 왼쪽으로 가면 '서두물포구' 방향이고, 오른쪽은 '큰말' 방향이다. 보통 섬은 해변도로가 둘러싸고 있어 어느 쪽을 가도 만나지만, 동검도는 연결 되어있지 않다. '큰말'이라고는 하지만 마을 길은 자동차 한 대가 간신히 지나는 1차선이 S자 모양으로 굽어 있다. 큰말이란 동검도에서 가장 크고 오래된 마을 군락을 가리킨다. 큰 마을이라고 해도 20가구 남짓 살았고 최근 들어서 외지사람들이 몇 가구 입도 했다. 큰말 한쪽의 폐교한 동검분교 자리에, 노을이 아름답기로 유명한 동검노을캠핑장이 위치해 있다. 캠핑장에서 바닷가쪽으로 내려오면, 멋진 일몰과 더불어 미술작품도 감상할 수 있는 본사랑 미술관이 있다.

차를 돌려 '서두물포구'로 향한다. 큰말의 집과는 달리 바다 내음 풍기는 어촌마을을 지나 넓게 펼쳐진 갯벌이 보인다. 갯벌과 도로를 구획해주듯 갈대밭이 선을 긋고 있다. 해질녘이 되면 노을빛을 머금은 갈대밭이 더욱 선명하게 드러난다.

동검도 선착장.
물때가 맞으면
망둑어 등 낚시가
가능하다.

한적한 동검도의
버스정류장.

동검도선착장에는 넓은 공터가 있어 캠핑과 차박이 가능하다. 바다 건너편에는 영종대교와 도심이 보인다. 바다 건너편에서 쉴 새 없이 오르내리는 여객기를 마주 보며, 묘한 여유를 느낀다.

이곳 선착장은 어민들이 그물을 손질하는 곳이기 때문에 유념해서 차박 자리를 잡아야 한다. 최근 조용한 동검도에 캠핑족의 쓰레기 문제가 화두다. 내가 만든 쓰레기는 꼭 챙겨서 나오자.

선착장에서 해변 길을 따라 북쪽으로 조금 가면 작은 섬 옆의 더 작은 섬인 '동그랑섬'이 보인다. 육지와 200m 거리라 썰물 때 잠깐 들려도 좋다. 가끔 물때를 놓쳐서 고립되는 경우가 있으니 물때를 꼭 확인하기 바란다.

영회보다 재미있는
영화해설이 있는
DRFA365예술극장.

동검도를 즐기는 법

동검도는 작은 섬이다. 기백 넘치는 암벽이나, 고풍스러운 문화재 없는 조용한 섬이다. 혹시나 자칫 여행이 밋밋해지지는 않을까 우려된다면 'DRFA365예술극장'을 둘러보는 것도 좋다. 이곳은 고전 명화를 좋아하는 동호인들이 모여 지은 곳으로, 발품을 팔아 필름을 모으고 직접 번역을 하며 자막을 만들었다. 영화팬이라면 그냥 지나칠 수 없는 곳이다. 조금은 난해한 영화도 더러 있지만, 영화감독 출신이자 주인장인 '유감독'의 영화보다 더 재미있는 영화해설을 듣는다면 어려운 영화도 쉽게 이해할 수 있다. 좌석은 집중도를 높이기 위해 35개만 놓여있다. 이곳은 예약제로 운영된다. 커피와 식사 그리고 좌석을 함께 예약해야 한다. 관람 전에 커피와 식사를 즐기고 영화를 관람하는 순서이다. 물론 예약과 영화 관람 없이 카페로 이용해도 된다.

예술극장 외에도 예쁜 카페들이 많다. 옥상에서 앉아 혹은 누워서 시원한 커피 한잔에 따스한 석양을 감상해보는 것도 좋을 듯하다.

먹을거리

❖ 동검꽃게탕
🏠 인천 강화군 길상면 동검길65번길 11
동검꽃게탕활어회
☎ 032-937-8180
동검도에는 식당이 많지 않다. 꽃게탕
(중, 50,000원)과 밴댕이회무침(30,000
원)이 주메뉴이다.

❖ 토가
🏠 인천 강화군 화도면 해안남로 1912
☎ 032-937-4482
강화도에 있는 순두부찌개집이다. 새우
젓으로 간을 해서 자극적이지 않으며 개
운하고 깔끔하다. 순두부 8,000원, 두부
김치 9,000원.

❖ 나룻터꽃게집
🏠 인천 강화군 내가면 중앙로 1270
☎ 032-933-4442
강화도에 있는 꽃게로 유명한 집이다.
꽃게 세트(1인, 30,000원), 산꽃게탕(소,
60,000원).

볼거리

❖ DRFA365예술극장
🏠 인천 강화군 길상면 동검길63번길
60
☎ 070-7784-7557
영화를 보기 위해서는 홈페이지(drfa.co.
kr)에서 회원가입하고 예약하면 좌석
이 정해진다. 하루에 3회(11:00, 13:00,
15:00) 상영하며 매회마다 상영 영화
가 다르다. 단체로 갈 경우엔 보고 싶
은 영화를 선택할 수도 있다. 관람료는
15,000원(커피 포함)이고 식사를 포함하
면 30,000원이다.

❖ 본사랑미술관
🏠 인천 강화군 길상면 동검길 154번길 36-55
☎ 032-937-5731
프랜차이즈로 유명한 '본죽'에서 운영하는 미술관 겸 카
페이다. 미술관의 수익금은 사회공헌으로 쓰인다. 카페 창
가를 갯벌이 가득 메우고 있어 특이한 풍경이다. 미술관
앞마당에 바위와 억새가 어우러진 풍경이 사진 배경으로
도 참 예쁘다. 동검도 중에서도 후미진 곳에 있어 휴관이
잦으니 미리 연락하고 방문하자. 오전 10시~오후 7시 운
영, 월요일은 휴무.

숙소

❖ 동검도노을캠핑장
🏠 인천 강화군 길상면 동검길 159-13
☎ 010-2213-7770
• **홈페이지** : www.강화오토캠핑장.kr
폐교자리에 세운 캠핑장이다. 동검도의 서쪽에 위치해서
특히 노을 풍경이 아주 예쁘다. 남녀화장실도 구분되어
깔끔하다.

❖ 검디관광농원 캠핑장
🏠 인천 강화군 길상면 동검길 159-47
☎ 010-4936-5802
동검도에 있는 캠핑장 중 가장 높은 곳에 위치한 계단식
캠핑장이다. 화장실과 샤워장이 현대식으로 깔끔하게 관
리되고 있다. 오션뷰는 두말할 나위 없이 좋다.

교통편

자동차로 가는 것이 편하지만, 대중교통도 가능하다. 대중
교통 이용 시 강화터미널에서 버스 51번을 타고 동검도에
내리면 된다(강화터미널 첫차 06:15, 동검도 막차 20:10 /
배차간격 35~165분).

갯벌과 백사장을 함께 즐길 수 있는 마시안해변.
맨발에 갯벌 장화를 신고 아이보리 색상의 모래사장을 걷는다.
뒤돌아가지 않아도 충분히 뻗어있는 광활한 백사장은 힐링하기에도 충분히 여유로운 공간이다.

마시안해변의 한적한 갯벌.

곁에 있는 고매한 노을 풍경 **영종도**
마시안해변

수도권과 가까운 마시안해변

오지성은 다소 떨어질지라도 교통편 좋고 가족들과 동네 마실가듯 찾을 수 있는 수도권 여행지 한곳을 소개한다. 영종도 하면 인천공항을 떠올리지만 공항 이전에 이곳은 금빛 바다와 작은 섬들이 알콩달콩 모여 있는 서해의 한적한 섬이었다. 수심 낮은 바다는 메워졌지만 마시안해변과 고매한 노을 풍경은 아직도 그대로이다.

영종도 마시안해변은 인근까지 공항철도와 자기부상열차 등이 놓여 수도권에서 접근성이 좋다. 쉽게 접할 수 있다고 해서 경치까지 흔한 것은 아니다. 마시안해변에서는 갯벌과 모래사장을 같이 볼 수 있다. 밀물 때는 모래사장과 바닷물이 해안선을 그리지만, 썰물 때는 검은 갯벌과 아이보리빛 모래사장이 선명한 해안선의 대비를 보여준다. 해변은 3km

검은 갯벌과
아이보리빛
모래사장이
대비된다.

가 넘는다. 썰물 때면 광활한 갯벌이 펼쳐진다. 마시안해변은 일몰이 아름답기로 유명하다. 노을은 바닷물이 빠져나간 갯벌을 황금빛으로 가득 채운다. 남쪽으로 작은 언덕을 넘으면 일몰과 일출을 함께 볼 수 있는 거잠포선착장이 나온다. 마시안해변에서 일몰을 보고 다음날 일출은 거잠포선착장에서 보면 환상의 세트이다. 매년 1월 1일이면 이곳 선착장에서 일출을 보려는 사람들이 몰린다. 새해 첫해는 매랑도라는 섬에서 올라오는데 상어 지느러미를 닮아서 샤크섬이라고도 불린다.

마시안해변에서 소소한 놀거리들

해변에서의 체험과 놀거리를 원한다면 조개체험을 추천한다. 단 조개가 잡히는 것은 운이 반, 실력이 반이다. 조개잡

마시안해변의
명소인 카페에 앉아
해변을 바라보는
호사를 누려보자.

이 갯벌체힘은 마을 주민들이 운영하며 장비대여료와 입장료가 있다. 한 가지 팁이라면 아무래도 썰물이 시작될 때 조개를 잡을 확률이 높다. 때를 놓쳐 다른 조개잡이들에게 양보했다면, 바다 더 깊은 곳으로 들어가야 한다. 조개잡이에서 재미를 못 본 사람들을 위한 갯벌 썰매도 있다. 썰매에 아이를 태우고 갯벌을 돌아다니는 상당한 노동력이 필요한 놀이이므로 진지하게 고민해보자. 마시안해변을 제대로 즐기는 방법은 단연 차박이다. 해변에서 제일의 차박 명당을 꼽자면 조개체험장 옆 주차장이다. 낮에는 조개체험장 손님들을 위해 주차장으로 쓰이고, 저녁에는 차박지로 개방한다. 하지만 비성수기나 평일의 일몰 이후에는 주차장을 개방하지 않으니, 현장에서 조개체험장 관리인에게 개방 여부를 확인해야 한다.

쌀쌀한 바닷바람을 맞았다면 따끈한 조개해물칼국수를 추천한다. 주로 해변 남쪽에 칼국수집이 몰려있다. 마시안해변 맛집이라면 요즘 입소문과 방송을 탄 '마시안제빵소'도 빠질 수 없다. 다양한 디저트와 베이커리, 그리고 상큼한 브런치도 먹을 만하다. 빵도 맛있지만, 제빵소 뒤편에 펼쳐진 해변뷰도 인기에 한몫하는 듯하다.

조개체험장
주차장의 오션뷰.

여행 정보

먹을거리

❖ 마시안제빵소
🏠 인천 중구 마시란로 155
☎ 032-746-3977
빵 맛 좋고 경치 좋고 분위기 좋은 빵집
이다. 유명한 빵집으로 입소문이 나서
손님들로 붐빈다. 빵과 커피 그리고 간
단한 브런치가 준비되어있다. 아메리카
노 5,500원.

❖ 황해칼국수
🏠 인천 중구 용유로21번길 3
☎ 032-746-3017
해물칼국수가 대표메뉴이다. 해물이 넉
넉히 들어가고 양도 충분하다. 시원한
김치가 칼국수와 잘 어울린다.

놀거리

❖ 마시안갯벌체험
🏠 인천 중구 마시란로 107-8
☎ 010-6855-3223
마을주민들이 운영한다. 갯벌체험을 하
며 주로 조개를 잡을 수 있다. 입장료는
대인은 10,000원, 소인 5,000원이다.

❖ 할리스커피 영종덕교점
🏠 인천 중구 잠진도길 55
☎ 032-751-3264
해변의 목 좋은 곳에 우뚝 선 4층짜리

건물로 이루어진 카페이다. 위층의 테라스와 루프탑, 1층
잔디밭 위의 테이블과 침대에서 커피를 즐길 수 있다. 카
페 앞 갯벌에서는 물놀이와 조개잡이가 무료로 가능하다.
건물 한쪽 수돗가에서 갯벌 진흙과 모래를 씻을 수 있다.
갯벌에 들어갈 때는 못 쓰는 양말을 미리 챙겨서 신는 것
이 제일 편하다.

숙소

❖ 마시안해변 갯벌체험장 주차장
🏠 인천 중구 마시란로 107-8
주민들이 운영하는 갯벌체험장 옆 주차장이다. 백사장이
바로 앞의 오션뷰이고 마시안해변 중에 차박하기 가장 좋
은 자리이다. 명당인 만큼 인기가 많다. 무료로 이용할 수
있지만 체험장 사정에 따라 개방하지 않을 때도 있다.

❖ 실미도유원지
🏠 인천 중구 무의동 768-5
☎ 032-752-4466
영종도에서 무의대교를 타고 자동차로 이동이 가능하다.
한적한 분위기에서 차박을 즐길 수도 있다. 마시안해변의
캠핑이 녹록지 않으면 여길 추천한다. 썰물 때 실미도로
가는 바닷길이 열리면 걸어서 들어갈 수 있다. 이용료는
대인 2,000원, 소인 1,000원, 당일 주차 3,000원, 당일 캠
핑 5,000원이다.

교통편
지하철을 이용한다면 '공항철도'를 타고 '인천국제공항1
터미널'역에서 내려 '자기부상열차'로 환승해 '용유역'에
서 내려 2번 출구로 나와 10분 정도 걸어가면 된다.

수도권에서 가장 수도권(?)답지 않은 곳을 찾는다면 바로 한탄강 주상절리길이다.
기괴한 주상절리와 물길이 훤히 보이는 강줄기는 마치 선사시대 수도권의 원모습을 보는
듯하다. 천고의 세월을 품은 주상절리를 보고 있으면 시간여행을 떠나온 듯하다.

태고의 신비를 간직한 비둘기낭폭포.

천고의 흔적을 새긴 바위 **포천**
한탄강 주상절리길

거리대(對)오지비(比)가 좋은 경기도 포천

국토 12%의 수도권에 인구의 50%가 오밀조밀 모여 산다. 수도권 어디든 발 디딜 틈이 없다. 설령 인적이 드문 곳이 있다고 하더라도 여행지로는 볼거리가 없다. 그럼에도 수도권에서 오지와 볼거리의 적절한 합의점을 찾는다면 단연 경기도 포천이다. 포천은 서울 중심(서울역)에서 자동차로 2시간 남짓(주말 기준)한 거리에 있고, 인프라도 잘 발달되어 있어 주말 당일 여행지로 손색없다.

시원한 강줄기와 짙은 녹음, 그리고 기괴한 주상절리가 어우러진 포천의 한탄강 주상절리길은 이색적이며 원시적인 매력이 있다. 천고의 세월이 스며든 주상절리를 보고 있으면 태초로 시간여행을 떠나온 듯하다.

시원하게 뻗은
하늘다리.

한탄강 주상절리.

자연의 신비를 따라 걷는
한탄강 주상절리 다섯 코스

주상절리는 4~6각형의 기둥 모양의 암석을 말한다. 화산폭
발로 분출된 용암이 흘러내려 지표면에 쌓이고 대기 중에
서 급격히 냉각되면서 수축하는데 이때 독특한 기둥 모양의
절리가 생겼다. 주상절리 틈으로 물길이 모여 철원부터 연천
까지 흘렀는데 이것이 한탄강이다. 현무암 협곡은 우리나라
에서 한탄강이 유일하다. 그렇기 때문에 어디서도 볼 수 없
는 독특한 절경을 보여준다.

최근 여의도 면적의 400배(1,165㎢) 크기의 한탄강 일대가

유네스코 세계지질공원으로 지정되면서 생태공원이 조성되고 주상절리길 코스가 개발되어 한탄강의 비경을 보다 쉽게 즐길 수 있게 되었다.

총 52km 길이의 주상절리 코스는 5개로 나눠 개발되었다. 1코스 '구구라이길'(4km, 1시간), 2코스 '가마소길'(5km, 1시간 15분), 3코스 '벼룻길'(6km, 1시간 50분), 4코스 '멍우리길'(5km, 1시간 15분), 5코스 '비둘기낭길'(6km, 2시간)로 구분된다. 그중에서 하늘다리, 비둘기낭폭포 일대를 둘러보는 5코스 '비둘기낭길'과 5코스에 부소천교, 멍우리협곡을 더해 협곡 전체를 두루 둘러보는 3코스 '벼룻길'이 인기다.

3코스는 '비둘기낭폭포~하늘다리~부소천교'를 왕복(12km, 4시간)으로 둘러본다. 가장 긴 코스이며, 벼룻교와 부소천

벼룻교.

교 사이의 경관은 주상절리코스에서 으뜸으로 손꼽는다. 비둘기낭폭포와 부소천교 모두 주차장이 있어 어느 쪽에서 시작해도 된다. 비둘기낭폭포쪽에 편의시설이 많기 때문에 반환점으로 하면 유리하므로 부소천교에서 시작하는 것을 추천한다. 부소천교쪽 전망데크에는 멍우리협곡으로 내려 수 있는 전망데크가 있고, 간이화장실과 공터가 있어 노지캠핑이 가능하다. 멍우리협곡은 넘어지면 온몸에 멍이 들 만큼 경사가 급해서 붙은 이름이다. 이름만큼 절벽이 발달 되어있어, 수련한 절경을 뽐낸다. 비둘기낭폭포쪽으로 1시간 20분(5km)정도 걸으면 한탄강하늘다리를 만난다. 한탄강 물줄기를 담은 현수교의 곡선이 너무도 아름답다. 하늘다리 인근에는 푸드트럭이 있어 간단한 식사가 가능하다. 비둘기낭폭포는 겨울이면 수백 마리의 산비둘기가 서식해서 붙여진 이름이다. 폭포가 수십만 년 동안 침식되어 깊은 골을 이뤘다. 유량이 풍부한 여름철이면 폭포수는 장관이다. 수직으로 뻗은 주상절리를 따라 낙하하는 폭포수는 흰 거품을 내

멍우리협곡.

며, 깊고 검푸른 물길 속으로 파고든다. 시원한 폭포를 보며 땀을 식히고 다시 부소천교로 돌아간다.

5코스는 '비둘기낭폭포~하늘다리~벼룻길~징검다리(도강)~멍우리길~하늘다리(도강)~비둘기낭폭포'를 왕복(6km, 2시간)으로 둘러본다. 비둘기낭폭포에서 시작해서 하늘다리와 벼룻길을 지나 징검다리에서 강을 건넌다. 강 건너편 멍우리길을 따라 내려와서 하늘다리에서 다시 강을 건너 비둘기낭폭포쪽으로 도착하는 코스이다. 3코스는 같은 길을 왕복하지만, 5코스는 강을 건너는 순환코스이기에 같은 길을 돌아오지 않는다는 장점이 있다. 한탄강의 대부분 협곡은 강 한쪽에서만 주상절리가 보이나 멍우리협곡은 양방향 모두 주상절리이다. 그렇기 때문에 5코스의 멍우리길을 걸으면 협곡의 양방향을 모두 볼 수 있다. 단점이라면 징검다리(우측 사진)에 유량이 많아 성인도 건너기가 쉽지 않다. 미끄러우므로 등산화를 신고 물을 건너야 하고, 특히 우기나 여름철에는 아이들에게 위험하다.

이국적인 교동가마소에 놀라고 포근한 산정호수에 안긴다

주상절리코스를 둘러보았다면 또 가볼 만한 곳이 교동가마소와 산정호수이다. 교동가마소는 2코스 가마소길에 포함되어 있지만, 거리가 멀고 3코스나 5코스보다는 풍경이 다소 떨어진다. 그럼에도 여유가 있다면 차편으로 교동가마소, 산정호수를 들르는 것을 추천한다.

교동가마소는 한탄강의 지천인 건지천 하류에 있는 현무암 계곡이다. 교동가마소의 이름도 가마솥 같아서 붙여진 이름이다. 이름처럼 새까만 가마솥들을 수도 없이 엎어놓은 것 같다. 주상절리의 틈을 타고 계곡물이 흘러, 주상절리 표면이 깎이면서 지금처럼 가마솥 모양의 특이한 비경을 만들었다. 교동가마소 내에는 작은 폭포인 폭포소, 용이 놀았던 용소, 옥가마를 타고 온 궁예가 목욕을 했다는 옥가마소 등의 소들이 있다.

명성산, 망봉산, 망무봉 등 산봉우리들은 산정호수를 마치 병풍처럼 한 바퀴 둘러싸고 있다. 병풍같이 놓인 둘레길을 따라 걸으면 호수는 시시각각 새로운 자태를 뽐낸다. 둘레길 곳곳에 마련된 포토존에서 호수와 함께 예쁜 추억을 사진기에 담는 것도 또 다른 재미다.

산정호수는 사계 중에 겨울철이 가장 아름답다. 하얀 눈 덮인 강산을 바라보면 내 속도 하얗게 맑아지는 듯하다. 해질녘이면 노을빛을 받아 붉게 타오르는 억새풀은 움츠린 몸을 녹여준다.

5코스 징검다리.
유량이 많아
주의가 필요하다.

먹을거리

❖ 지장산막국수

🏠 경기 포천시 관인면 창동로 895

☎ 031-533-1801

포천에서 오랜 전통을 가진 막국수집 본점이다. 메밀가루로 직접 반죽한 생면을 사용하고 음식 재료도 직접 재배 해서 쓴다. 비빔막국수는 그렇게 자극적이지 않고 시원한 얼음 육수가 들어가서 도보 여행의 허기와 피로를 달래기에 적당하다. 교동가마소 인근(1.1km)에 있다. 다른 막국수집을 찾는다면 인근(200m)에 종자산꽃가람막국수(031-531-4344)이 있다.

❖ 가비가배

🏠 경기 포천시 영북면 산정호수로 849-130

☎ 031-535-3460

산정호수 둘레길에 위치한 한옥 카페이다. 밖으로는 명성산과 산정호수의 풍경을 즐길 수 있고 카페 내에는 고가구들과 재미있는 소장품을 구경할 수 있다. 반려동물 동행이 가능하다(야외테라스).

❖ 산정호수빵명장

🏠 경기 포천시 영북면 산정호수로 826-25

☎ 031-544-9600

호젓한 자태로 명성산을 등지고 있는 한옥 건물의 빵집이다. 천연유기농 밀과 무염버터 그리고 천연발효종을 사용하여 빵을 만든다. 다양한 빵이 있지만 육쪽마늘빵(5,000원), 호두양파베이글(5,000원), 몽블랑(6,000원)이 인기다.

교동가마소.

숙소

❖ 비둘기낭캠핑장

🏠 경기 포천시 영북면 대회산리 451

☎ 031-540-6501

포천도시공사에서 운영한다. 돔하우스 4동과 캠핑사이트 79면을 비롯하여 편의시설을 두루 갖춘 오토캠핑장이다. 널찍한 공간에 잔디와 조경시설이 잘 되어 있어 깔끔하다. 주상절리 코스가 시작되는 비둘기낭폭포와 한탄임진강지질공원이 바로 옆에 있다. 이용요금은 주말과 공휴일은 33,000원, 평일은 28,000원 선이다. 예약은 포천시통합예약시스템 홈페이지(www.pcuc.kr)의 비둘기낭캠핑장 탭에서 할 수 있다.

❖ 멍우리협곡캠핑장

🏠 경기 포천시 영북면 소회산길 400

☎ 010-2730-9935

3코스 중간에 있다. 사설캠핑장이며 시설이 크지만 깔끔하지는 않다. 조금의 불편함을 감수한다면 노지의 느낌을 좋아하는 사람들에게는 비둘기낭캠핑장보다 좋을 수 있다. 인기도 많아 예약을 잡기가 조금 힘들 수 있다. 캠핑장으로 들어가는 비포장도로(약 1km)는 길이 엄해서 차고가 낮은 승용차는 주의해야 한다.

볼거리

❖ 포천아트밸리

🏠 경기 포천시 신북면 아트밸리로 234

☎ 1668-1035

포천아트밸리는 아무도 찾지 않는 문 닫은 폐채석장이었는데, 2003년에 포천시가 문화예술공간으로 재탄생시켰다. 흉물스러운 채석장은 이제 그림 같은 에메랄드 호수와 병풍처럼 깎인 절벽이 감탄을 자아낸다. 2014년부터는 천문과학관이 개관되어 아이들은 별 관측체험을 할 수 있고 연인들에게는 데이트코스로 인기이다. 뿐만 아니라 모노레일이 깔려있어 아트밸리의 풍경을 편하게 감상할 수 있다. 입장료 : 성인 5,000원 / 청소년, 군인 3,000원 / 초등생 1,500원.

❖ 화적연

🏠 경기 포천시 영북면 북원로248번길 31-23

☎ 031-538-3025

화적연은 한탄강 상류에 위치한 큰 화강암 바위와 깊은 연못으로 이루어진 명승지로서 절경이다. 마치 볏 짚단을 쌓아 올린 것 같은 형상이어서 '볏가리소'의 한자역 '화적(禾積)'이라는 이름이 붙여졌다. '포천으로떠나는여행' 홈페이지(http://www.pocheon.go.kr/ktour/index.do)에서 다양한 여행 정보를 얻을 수 있다.

❖ 비둘기낭폭포

🏠 경기 포천시 영북면 대회산리 415-2

☎ 031-538-3030 (한탄강사업소)

'포천시청앞' 정류장 53번 버스 승차 → '유네스코세계지질공원, 비둘기낭' 정류장 하차 → 도보이동(616m)

❖ 교동가마소

🏠 경기 포천시 관인면 중리 290

찾아가는 길이 다소 복잡하다. 포천 중리초등학교에서 남쪽으로 1.2km 내려가면 우측에 폐쇄된 철문이 있다. 그곳에 주차를 하고 철문 안으로 들어가서 안내판을 따라가면 된다.

싱싱한 수산물이 가득해 낚시꾼들의 발목을 잡는 궁평항과
꽃이 늦게 피고 늦게 지기 때문에 꽃구경을 놓친 사람들이 찾는
국화도로 여행을 떠나보자.

화성 궁평항의 일몰.

일몰이 멋진 항구과 고즈넉한 섬 **화성**
궁평항과 국화도

금빛 낙조를 품은 궁평항

화성은 서해 152km의 해안선을 품었다. 화성에 있는 궁평
항은 예부터 중국으로 나가는 교역지였다. 지금도 200여 척
의 배가 드나드는 선착장과 1.5km의 긴 방파제를 갖추고
있어 2008년에는 국가어항으로 지정받았다. 서해의 다양하
고 신선한 수산물들을 가득 실은 어선들은 쉴 새 없이 궁평
항을 드나든다.

수도권, 충청권과 거리상 가까워 주말에 찾는 이들이 늘고
있다. 길게 뻗은 해안선 길 덕분에 차박의 성지로 꼽힌다. 특

히 궁평항 아래 화성방조제는 드라이브 코스로도 유명하다. 궁평항 주차장은 수천 대를 주차할 수 있을 만큼 크고, 주차비도 없다. 궁평항은 조수간만 차이가 크고 간척지가 넓게 펼쳐져 있다. 바지락, 소라, 망둥어, 낙지 등 연안 해산물이 풍부하다. 주차장 옆의 수산물직판장 1층에서 신선한 횟감을 산 뒤 2층에서 자릿값을 주고 밑반찬과 매운탕과 함께 먹을 수 있다.

궁평항에는 두 방파제가 바다를 향해 두 팔을 벌린 듯 뻗어 있다. 남쪽 아래쪽 방파제는 해양데크(낚시피어)가 커다랗게 T자 모양으로 서있다. 낚시를 좋아한다면 가족들과 안전하게 낚시를 즐길 수 있는 곳이다. 이 데크길을 따라 걸으며 바다 내음을 가슴 속 깊은 곳까지 마셔보자. 포토존에서 병풍처럼 늘어선 기암절벽을 배경으로 사진 한 장 남기는 것도 좋다. 데크길로 성에 차지 않는다면 데크 밑쪽 방파제길로 걸어가면 더욱 진한 바다 내음을 느낄 수 있다.

출렁다리.

만개한 꽃 아래서의 캠핑은 오래도록 잊지 못할 경험이다.

궁평항 북쪽에는 2km 길이의 백사장이 뻗어 있다. 조개잡이와 갯벌체험을 하기 좋다. 백사장의 중간부터 해송군락지가 시작된다. 서해로 지는 낙조를 마주 보며 자란 100년 묵은 해송은 호젓한 자태를 뽐낸다. 해 질 무렵 해송 사이로 놓인 데크길을 걸으면, 붉은 낙조와 호젓한 해송의 실루엣을 마주한다. 한 폭의 동양화와도 같다.

국화꽃처럼 예쁜 섬 '국화도'

경기도 화성시 우정읍에서 남서쪽으로 28km 떨어진 지점에 있는 작은 섬 국화도. 화성시 서신면 궁평항에서 배를

타면 40분 만에 입도가 가능한 섬이다. 면적이라고 해봤자 0.39㎢, 해안선 길이 2.7km에 불과하고 산 높이는 276m의 작은 섬이다. 현재 42세대, 60명이 살고 있다. 해안 둘레길과 능선 숲길을 모두 걸어도 여유 있게 3시간 정도면 충분하다. 사실 국화도는 충청남도 당진시 석문면 장고항 바로 앞에 있는 섬이다. 거리는 오히려 충청남도와 가깝지만, 행정구역은 경기도 화성시 소속이다.

꽃이 늦게 피고 진다고 해서 만화도라고 부르기도 했던 이 섬은 땔감이 나무밖에 없던 시절에 섬의 나무를 다 베어 버리게 됐다. 다행스럽게 그 자리에 야생 들국화가 많이 피는 섬으로 재탄생했다. 저 멀리 바다에서 바라보면 바다에 노란 들국화가 핀 듯한 모습처럼 보여 국화도라는 이름으로 불리게 됐다.

왜목마을이나 장고항에서 바라보면 국화도와 토끼섬이 형제 같이 나란히 보인다. 500m 정도 떨어진 국화도와 토끼섬 사이에는 썰물 때에 갯바위와 모래밭이 드러나 걸어서 건널 수 있다. 이 바닷길 주변에는 고동을 비롯한 각종 조개가 풍부하다. 본섬인 국화도와 함께 무인도인 북쪽의 매박섬과 남쪽의 도지섬이 부속섬으로 존재하고 있다. 이들 부속섬은 만조 시에는 섬으로 존재하지만, 물이 빠져나가면 도로로 건너갈 수 있다. '모세의 기적'이 이곳에서도 일어나는 것이다.

고요한 어촌의 풍경은 더없이 고즈넉하다. 북쪽의 토끼섬이라 불리는 매박섬은 해산물이 풍부하다. 바지락과 대수리고동 등이 많이 서식해 해루질의 천국이다. 조약돌 등으로 구

국화도는
이름만큼 예쁜
형태의 섬이다.

성된 남쪽의 도지섬은 조개껍데기와 더불어 풀등을 이루고 있다. 역시 조개잡이나 바지락 줍기, 좌대 낚시 등 바다를 테마로 한 놀 거리가 풍부한 곳이다. 특히 해수욕장의 경우 조개껍데기와 모래가 적절히 섞인 해수욕장이 완만한 활 모양으로 펼쳐져 있다. 특히 경사가 심하지 않은 해수욕장은 물놀이에 안전하며 개흙이 전혀 없는 모래와 잔자갈로 이루어진 바닥이어서 서해답지 않게 물이 아주 맑다.

서쪽 해안은 경사가 심하고 해식애 등이 있어 색다른 풍경을 선사한다. 엽리 구조를 보이는 호상편마암을 비롯해 반상변정질 편마암, 석회규산염암 등 다양한 재질을 보여준다. 이와 함께 서쪽에는 넓은 소나무 군락도 있어 휴양에도 그만이다. 아직 잘 알려지지 않은 국화도는 '아무도 알지 못하는 휴양지'로서의 가치가 높은 곳이다. 특히 어촌계에서 운영하는 갯벌체험장이 있어 가족 단위 나들이객들에게는 최상의 휴식처라 할 수 있다.

완만한 활 모양의 해변이라 끝에서 끝이 잘 보인다.

여행 정보

먹을거리

❖ 궁평항새우튀김

🏠 경기 화성시 서신면 궁평항로
　　1069-8 1층 102호

궁평항수산물직판장 1층에 있는 새우
튀김 집이다. 맛집이지만 상호가 없는
특이한 집이다. 새우튀김 10개, 오징어
튀김 10개에 각 10,000원으로 제법 씨
알이 굵직하다. 바로 먹을 수 있도록 컵
에 담아서 파는데, 이보다 호사로운 군
것질이 있을까?

❖ 국화식당

🏠 경기 화성시 우정읍 국화길 20
☎ 010-8867-6080

국화식당은 칼국수, 찌개가 주메뉴이고
계절과 조황에 따라 물회, 회무침이 주
문 가능하다. 방문하기 전에 미리 예약
을 하는 것이 좋다.

❖ 명가사계절식당

🏠 경기 화성시 우정읍 국화길 56
☎ 031-357-7311

얼큰한 매운탕과 바지락칼국수가 주메
뉴이다. 작은 식당인 만큼 미리 예약하
자.

숙소

❖ 차박

궁평펜션앤리조트부터 남쪽 방향 150m 해안 길에서는
무료로 차박이 가능하다. 해안길 끝쪽에 공중화장실이 있
다. 백사장 경계이기 때문에 최고의 차박 명당으로 뽑힌
다. 만약 이곳을 놓쳐 다른 무료 차박지를 찾는다면 한국
농어촌공사 화성호관리소에서 북쪽으로 100m 가면 차
박이 가능한 넓은 공터(궁평항로 1046)가 있다. 무료 차
박지가 없다면, 백사장 쪽 아일랜드펜션에서 200m 정도
가면 해변도로에 차박이 가능한데 사유지라서 주말에는
10,000~20,000원을 내야 한다.

❖ 캠핑

🏠 경기 화성시 서신면 궁평리 517 궁평유원지 주차장

해송군락지 뒤편에는 궁평유원지 무료주차장과 공중화
장실을 갖추고 있다. 군락지 안에는 텐트를 치지 못하지
만, 군락지와 백사장 경계에 텐트를 칠 수 있다. 따가운 백
사장과 텐트에 해송이 시원한 그림자를 만들어준다. 이외
에도 백사장 곳곳에 텐트(유·무료)칠 곳이 있다.

교통편(궁평항⇄국화도)

❖ 궁평항 서해도선매표소

🏠 경기 화성시 서신면 궁평항로 1049-24
☎ 031-356-9387(서해관광해운)

국화도로 들어가는 배는 40분이 소요되고, 성수기 4회(9,
11, 14, 16시), 비수기 3회(9, 11, 15시) 운행된다. 요금은
편도 대인 10,000원, 소인 5,000원이다. 궁평항 서해도선
홈페이지(www.ippado.co.kr)에 들어가면 배편과 숙박
등 다양한 여행 정보가 정리되어있다.

수도권 마지막 오지라고 해도 과언이 아니다. 핸드폰이 개통된 지도 몇 년 되지 않았다.
오지 여행은 경반분교 전과 후로 나뉜다. 오지 캠퍼들의 성지인 경반분교에 가려면
지금도 4륜 SUV를 타고 계곡을 도하하고, 비포장 임도를 올라야 한다.

경반분교를 향하는 길은 많은 운전자에게 도전의식을 불러일으킨다.

수도권의 마지막 오지 **가평**
경반분교

서울에서 1시간 거리 숨은 오지, 경반계곡

가평 경반계곡은 서울에서 1시간 거리 내에 아직도 이런 오지가 있을까 싶을 생각이 들 정도로 고립된 공간이다. 수도권이라는 단어가 믿기지 않을 정도로, 불과 몇 년 전까지 핸드폰도 안 터지던 경기도의 보석 같은 마지막 남은 오지다. 계곡주변이 좁고 산세가 험해서 수도권임에도 반듯한 도로 하나 없이 대부분이 비포장도로이다. 협소하고 열악한 도로 사정으로 사람들에게 잘 알려지지 않아서, 경반계곡은 오지 그대로의 모습을 보존하였다. 경반계곡은 거울 경(鏡), 소반 반(盤)자를 쓴다. 직역하면 거울처럼 맑은 반석이 된다. 신선이 수련한 계곡에서 놀며 쉬어 간다는 의미이다. 짙은 녹음과 계곡 물소리를 가만히 듣자면, 내가 곧 신선이고 자연이 된 듯하다.

경반계곡은 칼봉과 매봉 사이의 수락폭포에서 시작된다. 32.8m 수락폭포에서 내린 계곡물은 경반사와 경반분교를

경반분교 전경. 고즈넉한 공간에 외부와 단절된 느낌을 가질 수 있어 특히 비수기에 권하고 싶다.

승용차는 절대
올라갈 수 없다.
4륜 구동 SUV도
아슬아슬하다.

지나 칼봉산자연휴양림에 이르는데, 바로 이를 따라간 것이
경반계곡 트레킹 코스이다. 험한 산세 때문에 백패킹이나 자
전거 여행자들에게 인기다.

수도권에서 손닿는 거리에 있는 경반계곡은 힐링이 급한 수
도권 거주자들에게는 더할 나위 없는 휴양지이다.

복잡한 세상 속 고요히 쉴 곳을 찾으시나요?

누군가 흰 눈이 내릴 땐 뒤도 돌아보지 않고 경반계곡으로
향하고 싶다고 했다. 고립되는 느낌을 맛보고 싶다는 것이
다. 살다 보면 복잡한 일상으로부터 달아나고 싶을 때가 있
는데 그 피난처로서 경반분교가 적격이다.

날씨가 궂으면 하산길이 막혀 고립될 수밖에 없는데, 그 핑
계로 며칠 더 쉬어갈 수 있다. 세상이야 어떻게 되든 이곳 경
반분교만은 평온하다.

경반분교 캠핑장

70년대 초 칼봉산(900m)에서 화전을 일구던 산촌 사람들이 군락을 이뤘다. 경반분교는 이 일대에 살던 화전민 아이들을 위해 만들어진 분교이다. 화전민이 하나둘 떠나자 분교는 결국 폐교가 되었다. 퇴직한 은행원이던 (현)캠핑주인이 분교를 개조하여 지금의 캠핑장을 만들었다. 원래 분교 자리라 캠핑장 면적이 그리 넓지 않다. 퇴직 후 소일거리로 생각했기에 전문 편의시설을 만들지도 않았다. 그냥 자연 그대로의 캠핑장을 만들었다. 화장실, 개수대 등의 부대시설이 열악한 편이지만 수많은 캠퍼들의 사랑을 받는 곳이다. 캠핑장 둘레는 울창한 숲이 둘러싸고 있고 앞뒤에는 계곡이 있어 물놀이가 가능하다. 적당히 불편한 캠핑장이다. 캠핑장의 불편함이자 또 다른 매력은 오프로드를 방불케 하는 열악한 진입로이다. 진입로가 포장되어 있지 않아 개울을 건너야 한다. 승용차인 경우에는 바닥이 긁히기 때문

차를 타고 강을
도하해야만 도달할
수 있는 경반분교.

경반분교 캠핑장.

에 칼봉산자연휴양림에 주차를 하고 올라와야 한다. 4륜
SUV 오너들은 이때 한번 성능 발휘를 해보는 것도 좋을 듯
하다. 이곳을 지나는 SUV 운전자들은 당혹감을 느끼기보
다는 즐기는 눈치다. 일부 오프로드 마니아들은 일부러 찾
는 코스이기도 하다. 백패킹을 한다면 신발을 벗고 건넌다.
계절 따라 다르지만 발목 정도 물이 찬다.

가는 길이 험해 ATV 코스(임도)를 이용하는 것이 좋으며 내
비게이션으로 찾아가기 힘들기 때문에 주변의 '칼봉산자연
휴양림'을 검색해 가는 것이 좋다. 겨울에는 임도도 폐쇄되

므로 미리 확인하고 가야 한다. 이렇게 전기도 없고 승용차가 들어가기도 힘든 곳이지만 계곡 물놀이도 가능하고, 수도권 가까이 위치한 청정 오지라는 특성 때문에 오지의 가치를 아는 캠퍼들이 꾸준히 찾고 있다.

경반분교로 가는 길은 웬만한 강원도 오지 가는 길보다 더 멀고 험하다. 그래서 승용차로 가기를 포기하고 이렇게 걸어가는 행락객들도 많다.

경반계곡 트레킹

사람이 붐비는 송추계곡보다 경반계곡의 경치가 떨어지는 것은 결코 아니다. 오히려 오지다운 오지를 찾는 사람들에게는 비교적 한산한 경반계곡에 더 만족할 듯하다. 경반계곡 트레킹은 시원한 물길 따라 걷는다. 대여섯 번 정도는 개울에 발을 딛고 건너야 한다. 울창한 숲길은 따가운 햇볕을 피할 그늘을 준다. 초록으로 가득한 등산길은 눈도 즐겁고 가슴까지 시원하다.

트레킹의 시작점은 칼봉산자연휴양림이고 경반분교, 경반사, 수락폭포를 거친다. 그중에 33m 아래로 떨어지는 수락폭포가 장관이다. 폭포수가 떨어지며 웅장한 소리를 낸다. 계절마다 소리가 변한다는 이 폭포수 물줄기는 근육통과 신경통에 좋다고 한다. 몸을 담글까 하다가 찬물에 엄두가 안 나 대부분 발만 담근다.

수락폭포를 기점으로 체력이 더 남는다면 칼봉산 정상까지 올라가 보자. 잣나무 군락지 사이로 난 임도를 따라 짚라인 체험장을 지나 칼봉산휴양림으로 돌아오는 코스이다. 왕복 11km이고 천천히 걸으면 4시간 반이 걸린다.

여행 정보

먹을거리

❖ 송원막국수
🏠 경기 가평군 가평읍 가화로 76-1
☎ 031-582-1408
만화 식객에 소개된 집이다. 막국수(8,000원)와 제육(18,000원)을 판매한다. 트레킹을 마치고 가평역으로 가는 길에 시원한 막국수 한 그릇 추천한다.

❖ 토담식당
🏠 경기 가평군 가평읍 달전로 24
☎ 031-582-8239
보리밥(7,000원)과 가평잣두부전골(2인, 20,000원)이 메인이다. 가평역에서 도보로 2분 거리에 있다.

교통편(칼봉산자연휴양림)

❖ 기차편
경춘선 가평역 → 택시(약 10,000원) → 칼봉산자연휴양림
택시 대신 버스(10-1)를 이용할 경우에는 2km 이상 걸어야 한다.

❖ 버스편
동서울버스터미널 → (가평·춘천행 버스) → 가평터미널 → (택시 약 10,000원) → 칼봉산자연휴양림

숙소

❖ 경반분교 캠핑장
🏠 경기 가평군 가평읍 경반안로 678 경반분교
☎ 031-582-8009 / 010-5339-7816
요금은 1인당 10,000원, 차량 20,000원이다. 전기는 없고 개수대가 있으나 계곡물이라서 식수는 준비해야 한다. 칼봉산자연휴양림에서 2.5km, 도보로 40분 거리다.

이번 여행지는 기차역이다.
기차가 멈춘 간이역으로 떠나는 여행, 이 낯선 여행은 생각보다 운치가 있다.
새로운 추억을 만드는 여행이 아니라, 조용히 사색하며 지난 추억을 되새기는 여행이다.

교외선 일영역의 기찻길을 지나가는 노인.

잊힌 간이역 **양주**
교외선

도시형 오지 여행, 간이역 교외선

오지 여행은 한적한 곳에서 조용히 자연과 볼거리를 즐기는 것이 매력이다. 기차와 사진을 좋아하는 사람들에게 간이역 교외선 투어는 색다른 재미가 있다. 기차와 사람이 떠난 조용한 기차역은 색다른 볼거리이다. 80~90년대 MT를 떠나는 대학생 단체와 지역 주민들로 북적이던 교외선은 지금은 조용하다. 수도권에 위치해서 접근성이 좋아, 주말 한나절 가족들과 나들이 다녀올 수 있는 도시형 오지 여행지이다.

교외선은 수도권 집중 해소와 중앙선과의 화물 연계를 위해 1963년에 놓여졌다. 하지만 수도권 북부가 개발제한지역으로 묶이고 여러 이유로 중앙선과의 연결도 되지 않았다. 서

울외곽순환도로가 개통되면서 철도운행 수요가 더욱 줄었고, 2004년 여객열차가 운행하지 않게 되었다.

최근 교외선이 BTS의 뮤직비디오와 SNS사진 촬영지로 입소문을 탔다. 대부분 폐역으로 알고 철길에 들어가서 사진을 많이 찍는다. 하지만 교외선은 여전히 살아 있는 철길이고, 기차도 1년에 1~2회 부정기적으로 다닌다. 철길에서 찍은 사진을 SNS상에 올렸다가 누리꾼의 신고로 벌금을 냈다는 신문보도도 있다. 건널목 이외의 철길은 절대 들어가면 안 된다. 안전과 촬영에 주의하자.

일영역

일영역 광장대합실.

일영역은 긴 동면 중인 교외선이지만 찾는 사람들이 제법 있다. 일영역 앞에는 야외대합실이 있다. 역사가 협소하여 비만 피할 수 있도록 벤치에 지붕을 올려서 만든 대합실이다. 벤치에 덧칠한 페인트가 벗겨져 세월의 나이테를 보여주는 듯하다. 야외대합실은 요즘 보기 힘든 재미있는 풍경이다.

역사 내는 주민들이 지나는 길도 있어 개방되어 있다. 교
외선의 다른 역들은 역무원이 없으나 일영역은 선로를
관리하는 직원만 상주 중이다. 일영역은 교외선의 신호
를 취급했던 관리역인 만큼 다른 역에 비해 규모가 크다.
플랫폼에는 해가림막이 길게 설치되어 있어서 적당히
쉴 곳도 있다. 간식거리 챙겨서 돗자리를 펴고 앉으면 이
만한 쉼터도 없다. 역구내에는 선로를 지나는 정식 건널
목이 있어 통행도 자유롭다.

일영역만으로 아쉽다면 차로 3분 거리(1.1km)에 여름철
물에 발을 담글 수 있는 일영유원지가 있다.

일영유원지.

벽제역

일영역에서 동쪽 고양시 방향으로 차로 11분(6.1km)을
가면 벽제역이 있다. 벽제역은 원래 행정지명인 '벽제읍'

벽제역.

에서 유래되었다. 조선시대 명나라 사신이 서울 입성 전날에 하루 쉬던 곳이다. 그만큼 벽제역 인근은 풍광이 좋다. 벽제역 근처의 공릉천도 좋지만 조금 멀리 가면 보광사계곡도 있다. 깊은 숲에 맑고 시원한 계곡물이 흘러서 가족단위 여행지로도 딱이다.

벽제역은 교외선 다른 역에 비해서도 아주 낡았다. 푯말은 녹슬고 글자는 색이 바랬다. 플랫폼 가림막은 녹이 슬고 뼈대만 앙상하다. 세월이 유수같이 흘러 벽제역 철길에는 낙엽만 뒹군다. 공허한 분위기의 벽제역이지만, 이런 특이한 분위기 때문에 사진 촬영하기에는 좋은 장소이다.

기차가 거의 다니지 않는다고 하더라도 철길 위를 걷는 것은 위법이고 무엇보다 본인의 안전도 위험하다. 철길 옆으로 나란히 뻗은 길을 따라 걸어도 벽제역의 낭만을 충분히 느낄 수 있다.

장흥역

교외선은 의정부 방향으로 '벽제~일영~장흥' 순으로 놓여 있다. 일영과 벽제는 역사가 있지만, 장흥역은 아파트 경비실 같은 조그마한 건물 하나에 플랫폼이 전부이다. 또한 일영과 벽제에는 선로가 몇 개 있지만, 장흥역은 선로가 1개이다. 그만큼 장흥역은 교외선 중의 교외이다.

역사 내부는 단출하지만 역전만은 한때 화려했다. 장흥역 양옆으로 난 야트막한 오르막길에 옛 향수를 느낄 수 있는 역전상회와 찻집들이 들어서 있었다. 지금은 장흥역에 인적이 끊긴지가 오래되어 가게들도 문을 닫은 지가 오래됐다. 이젠 장흥역보다 더 낡은 듯하다.

이왕 떠난 교외선 여행이라면 일영이나 벽제를 들르는 길에 장흥역도 들러보자. 장흥역 앞은 단체 사진 찍기 좋은 포토존이다.

장흥역의 오래된 역명판.

먹을거리

❖ 송추가마골 본관
🏠 경기 양주시 장흥면 호국로 525
☎ 031-826-3311
장흥역에서 의정부 쪽으로 8분(4km)거리다. 갈비탕, 가마골갈비가 대표메뉴다.

❖ 어울참
🏠 경기 양주시 장흥면 일영로
   623번길 13
☎ 031-855-4121
일영역 인근(약 400m) 위치. 각종 돌솥밥정식이 주메뉴이다.

❖ 연신내역 맛집들
🏠 서울 은평구 통일로 849
연신내역 일대는 요즘 뜨는 맛집들이 즐비하다. 대중교통 이용시 3호선 연신내역에서 버스로 환승을 하고, 연신내에서 식사를 하는 것을 추천한다.
• **식당명(메뉴)** : 두꺼비집(오징어볶음) / 파술타(양식) / 구석집(찌개, 전골) / 보들이족발(족발) / 갈현시장할머니떡볶이(분식)

숙소

❖ 일영무두리캠핑장
🏠 경기 양주시 장흠면 삼상리 28-14
☎ 031-855-6102
야외수영장, 매점, 샤워장을 갖추고 있다. 이용료는 일반데크 기준 40,000원부터다.

교통편

❖ 일영역 / 장흥역
수도권 지하철 3호선 구파발(연신내)역 출구 →
버스로 20분(19번, 360번)

❖ 벽제역
수도권 지하철 3호선 삼송역 4번 출구 →
버스로 20분(33번, 53번, 790번)

볼거리

❖ 일영유원지
🏠 경기 양주시 장흥면 삼상리 176-16
일영역 인근(1km)이다. 자리를 펼 공간이 많고, 수심이 깊지 않아 당일치기 여행지로 적당하다.

❖ 장흥조각공원
🏠 경기 양주시 장흥면 권율로 193
장흥역 인근(1.8km)이다. 깨끗하게 정비된 하천 옆으로 다양한 조각전시를 볼 수 있다.

❖ 송추계곡
🏠 경기 양주시 장흥면 울대리 송추계곡
또 다른 간이역 송추역 인근(1km)이다. 소나무(松)와 가래나무(楸)가 많은 계곡이라 하여 붙여진 이름으로 북한산국립공원에 속한다. 등산로도 유명한 곳으로 특히 계곡이 아름답다.

오지성 ★★★★☆ **난이도** ★★★☆☆

인천 서남쪽에서 뱃길로 1시간 거리에 있는 작은 마을, 작은 바다, 작은 섬 승봉도.
승봉도 여행의 백미는 호젓한 풍경의 승봉도에서 자리를 펴고
발아래 떠 있는 더 작은 무인도 사승봉도를 풍경으로 바라보는 것이다.

해수욕장 한켠에서 임시로 캠핑하는 모습.

부드러운 해변과 기암괴석이 볼만한 **옹진
승봉도**

가까운 섬여행 승봉도

인천광역시 옹진군 자월면에 속한 승봉도는 인천에서 남서쪽으로 42km 떨어져 있다. 여의도 보다 약간 작은(2.2㎢)의 크기에 약 130여 가구가 사는 작은 섬이다.

섬의 생김새가 봉황새의 머리를 닮았다고 하여 '승봉도'라고 부른다. 오랜 옛날, 어부 신씨와 황씨가 풍랑을 만나 이 섬에 조난되었는데 섬이 아름다워 밭 갈고 집 짓고 그냥 눌러 살았다고 한다. 한때는 두 어부의 성을 따서 신황도라고도 불렀다. 요즘 대부분의 섬은 인구가 줄지만 승봉도는 최근 귀향하는 이들이 많아 오히려 섬인구가 늘었다. 여행을 하다 보면 승봉도만의 매력이 있다. 떠나면 다시 아른거리는 아름다운 섬이다.

자그마한 승봉도에는 볼거리가 많다. 해안선을 따라 여러 가지 기암괴석이 늘어서 있고 이 조그만 섬에 깨끗한 백사장이 3개나 있어 여행객들에게 꽤 매력적인 곳이다.

산세가 완만하고, 느리게 걸어도 2시간이면 한 바퀴를 돌수 있을 만큼 작고 아담한 섬이다. 섬 중앙에는 해송군락이 있어 바다 냄새와 함께 솔향기를 맡으며 산보 가능하다. 수도권과 가깝고 가족과 조용히 여유를 즐길 수 있는 승봉도는 가성비 '갑'이다.

이일레해변은 평온해서 카약을 타기에도 알맞다. 단 썰물과 밀물 때는 조수간만의 차가 심하므로 조류에 주의해야 한다.

백사장 1km, 이일레해변

이일레해변 야영지는 승봉도의 남쪽 해안에 있는 조용하고

한적한 섬마을 해변이다. 길이 약 1km, 폭 40m의 백사장을 가지고 있는데, 바닷물의 수심이 완만하고 깊지도 않아 아이들을 데리고 온 가족 단위 캠퍼들이 안전하게 물놀이를 즐길 수 있는 곳이다. 여름 극성수기만 피한다면 여유롭다.

이일레해변은 서해안에서는 드물게 간조 때에도 갯벌이 드러나지 않는 백사장 해변이어서 해변 아무 곳에나 사이트를 구축해도 된다. 따가운 햇살이 걱정되면 해변 모래사장 뒤쪽에 울창한 숲도 있다. 이일레해변의 모래를 파면 바지락, 골뱅이, 소라, 비단조개, 모시조개 등 조개류가 많이 잡힌다. 해감을 잘해서 조개구이나 조개찜을 해먹으면 맛있다. 또 썰물 때 바위 주변으로는 낙지와 꽃게가 잡히기도 한다.

이일레해수욕장 입구에는 두 살래 길이 있다. 우측은 해수욕장 가는 길이고, 좌측은 승봉산림욕장을 지나 촛대바위로 넘어가는 길이다. 당산(68m)이 높지 않은 데다 바위까지 편도 30분(2.1km) 거리라 가볍게 산보를 즐길 수 있다.

해안 따라 늘어선 기암정원

승봉도 해안선을 따라 여러 가지 기암괴석이 늘어서 있다. 남동쪽 촛대바위에서 반시계방향으로 섬을 돌면 해안을 따라 바람과 파도가 만든 멋진 기암정원을 볼 수 있다.

촛대바위에서 북동쪽으로 해안길을 따라 1km 올라가면 주랑죽공원과 남대문바위가 나온다.

아기자기한 공원의 정자에서 한숨 돌리고 100m 떨어진 남대문바위(코끼리바위)를 향해 가다 보면 해식동굴이 나온다. 남대문처럼 아치 모양의 커다란 구멍이 뚫렸다.

자세히 보면 바위는 코끼리를 닮았다. 뭍에 서 있는 코끼리가 바닷물에 코를 박고 있는 진풍경이다. 연인들이 손잡고 남대문바위를 지나면 사랑이 맺어진다고 한다.

10분 정도 걸어가면 부채바위가 나온다. 바위는 부채 모양으로 널찍하게 마치 칠판처럼 서 있다. 유배 온 선비가 이 바위에 글을 쓰며 학문을 닦았고 과거에 장원급제를 했다는 전설이 있다.

이렇게 한 바퀴 쉬엄쉬엄 돌면 1시간 반 정도가 소요된다. 볼 것 많은 기암정원에서는 눈이 호강한다.

숙소

❖ 승봉도캠핑장

🏠 인천 옹진군 자월면 승봉리 807-2
☎ 010-8981-2350
• **예약** : www.seungbongdo.co.kr
승봉도캠핑장은 선착장 가까운(300m)
거리에 있다. 샤워장, 취사장, 캠프파이
어장 등의 편의 시설을 갖추고 있다.

❖ 이일레해변캠핑장

별도의 예약이 필요 없는 노지 캠핑장
으로 화장실, 샤워실, 개수대 등의 편의
시설이 비교적 잘 갖춰져 있다. 무엇보다
해변을 바라보며 석양을 볼 수 있다는
장점이 있다. 취사는 불가하다.

❖ 일도네펜션

🏠 인천 옹진군 자월면 승봉리 552
☎ 010-7337-8941
• **홈페이지** : www.ildone.com
펜션과 식당을 같이 하는 집이다. 해물백
숙(65,000원, 사전예약)이 메인이고, 숙
박 없이 식사만 따로 할 수 있다. 미리 예
약을 잡아야 한다. 다양한 패키지(숙박,
선상체험, 식사 등)를 선택할 수 있다.

❖ 바다풍경

🏠 인천 옹진군 자월면 승봉리 572-1
☎ 032-431-4515
• **홈페이지** : www.승봉도바다풍경.kr
이일레해변 인근이다. 바닷바람이 그대
로 들어오고 숲으로 우거진 전망 좋은
곳에 위치한다. 시설이 깨끗하다. 원룸
(8평형, 4명)이 100,000원(성수기)이고,
성수기 주말에는 갯벌 체험 등이 서비스
된다.

도선 정보

❖ 인천, 안산 → 승봉도

승봉도로 가는 배는 인천항 연안여객선터미널과 안산 대
부도 방아머리선착장에서 출발한다.

분류	인천항 연안여객선터미널	
여객선	쾌속선	차도선
소요시간	1시간 30분	2시간
운행횟수	5회 왕복	1회 왕복
요금(편도)	21,600원	13,200원

분류	안산 대부도 방아머리선착장
여객선	차도선
소요시간	1시간 20분
운행횟수	평일 1회 왕복, 주말 2회 왕복
요금(편도)	9,800(주말, 출항) (중형승용 · SUV 42,000원)

• 배의 운항 시간표는 기상 상황과 선박 사정에 따라 수시
로 바뀌고, 여름 성수기, 주말, 명절 등에는 배 운항편수
가 늘어나므로 고려고속훼리(1577-2891), 대부해운(인천:
032-887-0602, 안산: 032-886-7813)에 미리 확인하자.
• 인천시민은 인천항에서 일반 여객요금의 50%를 할인
받을 수 있으니 필히 신분증을 챙기자.

기본 정보

승봉도에 대한 더 많은 여행 정보는 www.seungbong
do.co.kr에서 얻을 수 있다.
여객선 예약은 가보고 싶은 섬(island.haewoon.co.kr)에
서 쉽게 할 수 있다.

오지성 ★★★★★ **난이도** ★★★★★

대한민국에서 가장 아름다운 무인도를 꼽으라면 단연 사승봉도가 아닐까.
마치 사막 한가운데 떠있는 모래섬을 연상케 한다.
사승봉도의 모래사장위에 누우면 섬이 마치 내 소유인 듯 하다.

사승봉도에는 물과 냉장고가 없으므로 큼지막한 아이스박스는 필수다.

한적한 모래섬에서 즐기는 자연, 사승봉도

인천광역시 옹진군에 있는 사승봉도 해변야영지는 그동안 현지인들을 제외하고는 오지 여행객과 열혈 강태공들 사이에서만 마치 전설처럼 알음알음 존재가 전해졌다.

사막 같은 이국적인 풍경과 붉은 노을이 지평선부터 해안선까지 물들인 아름다운 풍경에 많은 이들이 그 배경지를 찾았다.

행정구역상 사승봉도는 인천광역시 옹진군 자월면 승봉리에 속해 있다. 모래가 많아 사도(砂島)라고 부른다. 사승봉도는 우리나라에서 몇 안 되는 광활한 모래사장을 볼 수 있는 섬으로 유명하다. 썰물 때면 길이 2.5km, 폭 1km의 드넓은 백사장이 드러나고, 특히 건너편 대이작도와 사승봉도 사이 바다에 펼쳐지는 모래바다인 풀등은 경이로운 볼거리다. 간만의 차가 가장 큰 시기에는 30만 평(축구장 140개 크기)이 넘는 거대한 모래사막이 서해 바다 한가운데 펼쳐져, 풀등을 찾은 사람들은 바다 한가운데 땅을 딛고 서는 신기한 경험을 할 수 있다.

무인도를 즐기는 법

사승봉도는 분류상 무인도이긴 하지만, 사유지라서 주인이 있다. 동쪽 해안가에 관리인이 상시 거주하고 성수기에는 야영객들에게 편의를 제공하는 간이매점이 운영된다. 물을 건너와서인지 가격이 비싸다. 주인이 있기 때문에 사승봉도에 들어오는 사람들은 입도료(1인, 10,000원)를 지불해야 한다. 사승봉도에서 캠핑을 하려면 불편함은 감수해야 한다. 화장실은 재래식이고 샤워실이 없으며 마실 물도 적다. 사승봉도에서 캠핑을 계획했다면 충분한 물과 따가운 햇볕을 피할 타프, 그리고 악명 높은 섬 모기를 버텨낼 모기약과 함께 어느 정도의 야생성은 필히 준비하는 게 좋다. 배에 타기 전에 든든히 장을 보고 넘어가는 것이 좋다. 연안부두에서 5km 정도 떨어져 있는 이마트 동인천점(032-451-1234)이 가장 가까운 대형마트다. 방아머리에서 타는 경우는 방아머리 선착장 근처에 대형마트가 없기 때문에 안산 도심지에서 장을 보고 들어오는 것을 추천한다.

이러한 불편함도 파란 바닷물과 금빛 모래사장이 어우러지면서 빚어내는 서해의 환상적인 낙조를 보게 되면 모두 사소한 것이 된다. 그만큼 사승봉도 캠핑은 특별한 경험을 준다.

무인도 해변의
일몰과 텐트.
무인도일지라도
조금만 불편함을
감수하면 멋진
추억을 남길 수 있다.

해변에서 물놀이를 하거나 바닷가에서 카약을 타는 것도
좋고 바다낚시를 즐겨도 좋다. 카약을 탈 경우 서해안이라
는 것을 잊지 말고 조류에 주의하자. 사승봉도 바로 건너편
에 대이작도가 있어 잡힐 듯 가까워 보이지만 실상 조류가
상당해 위험하다. 바위가 많은 사승봉도 동쪽에서 우럭, 놀
래미, 도다리, 광어 등의 고기가 많이 잡힌다.
척박한 모래벌판처럼 보이지만 그 밑에는 비단조개, 바지락,
골뱅이 등이 숨어 있다. 섬에 들어가기 전에 조개 잡는 법과
연장을 준비하면 풍족한 해산물을 맛볼 수 있다. 물이 얕아
해수욕하기도 좋고 널찍한 모래판에서 일광욕을 즐겨도 된
다. 석양이 요란하게 지나고 조용한 밤이 되면 함께 여행 온
친구, 가족과 하늘에 뜬 무수한 별을 감상하는 것도 잊지
못할 낭만이고 재미다.

사승봉도는
무인도지만
관리하는 관리인이
상주하고 있으며
매점을 운영하고
있다.

사승봉도 입도

사승봉도가 방송을 타자 사승봉도를 찾는 사람들이 많아졌다. 하지만 너무 아쉬워 말자. 사승봉도와 백사장은 조용히 즐길 만큼 충분히 넓고, 여행객들이 늘어 섬에 들어가는 것이 한결 편해졌다.

사승봉도는 한 번에 가는 정기 운행 배가 없기 때문에 일단 인천이나 안산에서 승봉도까지 갔다가, 승봉도에서 작은 어선을 타고 들어가야 한다. 여름 성수기에는 승봉도에서 사승봉도를 오가는 어선이 뭍에서 여객선이 들어오는 시간에 맞춰 운행되기도 하지만, 여름 외에는 개인 배를 따로 불러서 가야 한다.

사승봉도는 작은 섬이기 때문에 차량이 필요하지 않다. 차량 없이 출발하거나, 인천이나 안산 여객터미널에 주차를 하고 입도하는 것이 여러모로 편하다.

섬에 들어가기 전에 반드시 사승봉도를 관리하시는 이모님(010-5117-1545)에게 미리 전화하고 들어가자. 친절히 안내해 주시고 배편을 잡아주신다. 만능해결사다.

승봉도와 제부도 방아머리 선착장을 잇는 카페리호.

승봉도와 사승봉도를 잇는 여객선은 차를 실을 수 없다.

풍경과 마을이 아름다운 섬, 대이작도

작지만 아름다운 섬, 대이작도는 영화 <섬마을 선생님>의 촬영지로 유명하다. 섬의 매표소 옆에 섬마을선생님비가 섬에 온 것을 환영한다는 듯 서 있다. 대이작도 선착장 매표소 옆의 안내도에는 "풍경과 마을이 아름다운 섬 대이작도"라는 문구가 쓰여 있다. 섬을 실제로 본다면 과연 틀린 말이 아니다. 대이작도의 계남리해수욕장은 백사장이 드넓게 펼쳐진 해수욕장이다. 모래는 굉장히 곱고 부드럽다. 백사장은 낭만적인 풍경을 연출하고 그 주변은 모래섬과 사승봉도가 자리한다. 이 드넓은 모래사장 위에서 오토캠핑이 가능하니 하지 않을 수 없다. 시설물 관리를 잘 된 편이니 안심하고 이용할 수 있다. 개수대가 있어 편리하고 해수욕장에서 약 50m 떨어진 곳에서 민박도 가능하다. 해수욕장 입구에 매점이 있으니 든든하다.

먹을거리

사승봉도는 섬 자체가 작은 해산물 시장이다. 모래사장을 파면 바지락, 골뱅이, 소라, 비단조개, 모시조개 등의 조개가 무수히 발견되고 낙지와 꽃게도 간간이 잡힌다. 해산물을 직접 잡고, 직접 잡은 해산물로 요리까지 해 먹는 진귀한 경험을 할 수 있는 섬이다.

숙소

❖ 사승봉도 해변야영지

🏠 인천 옹진군 자월면 승봉리 산236
사승봉도의 모든 것은 만능관리인 이모님(010-5117-1545)을 통해 가능하다. 입도료(1인, 10,000원) 이외에 1인당 10,000원을 추가 시 캠핑장비를 대여할 수 있다. 무인도인 만큼 한적하지만, 편의 시설 또한 갖춰지지 않아 만반의 준비를 하고 가는 것이 좋다. 우물을 생활용수로 사용하고 간이 화장실이 구비 되어 있으니 식수와 캠핑장비를 잘 챙겨가는 것이 좋다.

교통편

인천항 연안여객선터미널과 안산 대부도 방아머리선착장을 이용해 승봉도로 이동 후, 사승봉도로 이동한다.

❖ 승봉도 → 사승봉도

선창낚시 배를 미리 예약하고 사승봉도에 들어간다. 기본 왕복 100,000원이고 인원만큼 나누어서 계산한다. 인원이 많을수록 뱃삯이 싸지는데, 역시 사승봉도 관리 이모님에게 미리 연락하면 함께 들어올 팀을 짜준다.

대이작도의 풀등.

수도권 오지 대표주자 # 포천
국망봉자연휴양림

오지성
★★★★☆

난이도
★★★★☆

수려하고 깊은 골짜기, 국망봉

포천의 국망봉은 전국의 국망봉 중 산세가 가장 수려하고 골이 깊다. 세상과 단절된 곳에서의 꿈 같은 휴가를 원한 다면 '국망봉자연휴양림'을 추천한다. 자연환경은 그야말 로 더없이 청정하다. 국망봉으로 가는 길에 1급수가 흐르 는 맑은 계곡을 지나친다. 한참을 구불구불 올라가면 산 한가운데 고즈넉한 공간을 만날 수 있다. 올라가는 길은 험하기 짝이 없다. 차체가 낮은 승용차는 바닥을 긁히는 수모를 당하고야 만다. 그러나 그 험난한 길을 거치고 올 라가면 별천지를 만날 수 있다. 산속에 갑자기 나타난 널 따란 공간. 국망봉은 자연과 정말 가깝다. 이곳은 캠핑하 는 사람도 많다. 그러나 남들에게 방해를 줄 만큼 떠들썩 하진 않다. 얼음물에는 오래 몸을 담그지 못한다. 물놀이 에 빠진 아이들, 탁족을 즐기는 가족들. 장암리로 향하는 길에 산세가 병풍처럼 펼쳐진 국망봉은 수도권의 남은 마 지막 오지이다.

국망봉으로 향하는
길에 만난 계곡.

여행 정보

❖ **국망봉자연휴양림**
🏠 경기 포천시 이동면 늠바위길 207-28
☎ 031-532-0014
• **홈페이지** : www.kookmang.co.kr

산에서 내려다보면 장구처럼 보인다 하여 강화
석모도 장구너머포구와
민머루해수욕장

석모도 장구너머포구와 민머루해수욕장

석모대교가 놓이면서 석모도와의 접근성이 좋아졌다. 그동안 석모도에 들어가기 쉽지 않았음에도 불구하고 석모도만의 독특한 매력이 사람들의 발길을 잇는 여행지로 남게 했다. 뻥 뚫린 다리를 상쾌하게 지나면 석모도의 민머루해수욕장, 장구너머포구(매음리선착장) 등 나들이객들의 사랑을 받는 장소가 펼쳐진다. 민머루해수욕장 투어를 마치면 장구너머항으로 향하자.

석모도의 미네랄온천

노천탕 15곳을 갖춘 인천광역시 강화군 석모도 미네랄온천은 아름다운 낙조까지 감상할 수 있어 피로 풀기에 안성맞춤이다. 이곳의 물은 칼슘, 칼륨, 마그네슘, 스트론튬, 염화나트륨 등이 들어 있어 아토피와 피부염에 좋은 것으로 알려졌다.

장구너머포구는 작은 항구지만 밀물에 몸을 담그며 해수욕을 즐길 수 있다는 장점이 있다.

여행 정보

❖ **민머루해수욕장**
🏠 인천 강화군 삼산면 매음리

옹진 장봉도

오지성
★★★☆☆

난이도
★★★☆☆

쉬는 섬, 장봉도

서울에서 가까운 거리에 무인도처럼 적막한 외딴 해변을 만나고 싶다면 어디로 가야 할까? 바로 영종도 앞바다에 떠 있는 장봉도 해변을 추천하고 싶다. 장봉도는 옹암, 한들, 건어장 등 정겨운 이름만큼이나 편안하고 한적한 해변이 많다. 장봉도(長峰島)는 길게 드러누운 형태로 산봉우리가 많다 하여 붙여진 이름인데 시원한 해변과 울창한 숲을 함께 즐길 수 있어 매력이다. 장봉도는 여의도 3배보다 조금 모자란 크기에 주민 500명이 모여 사는 한적한 곳이다. 장봉도에 있는 해변들은 해송이 우거졌고 기암절벽이 섬을 장식한다. 바다가 앞에 있어서 물놀이하기에 좋고 물이 빠지고 갯벌이 드러나면 바지락, 모시조개 등의 조개잡이도 할 수 있다. 장봉도 최고봉인 국사봉(151m)에 오르면 인천공항과 인천이 한눈에 잡힐 듯 다 보인다. 크게 힘들이지 않고도 바다를 조망할 수 있는 즐거움이 있다.

장봉도는 100년이 넘는 노송이 해변을 따라 병풍처럼 숲을 이룬 옹암해변과 희고 고운 백사장의 한들해변이 둘러싸고 있다.

여행 정보

❖ **장봉도**

🏠 인천 옹진군 북도면 장봉리
(영종도 삼목여객터미널에서 편도 13편의 여객선이 있고 약 30분이 소요된다.)

강원도

강원도 평창군 '하늘마루 목장'

오지성 ★★★★★　**난이도** ★★★★★

철분을 가득 함유한 약수가 흐르는 부연동.
과거에는 호랑이가 자주 출몰하였다 하여 '호랑이솔'이라고 불리웠다.
호랑이도 부연동에 머물러 몸에 좋은 약수로 해갈을 했을까?

부연동은 플라이낚시가 되는 아름다운 계곡이 흐른다.

야생 산천어를 만날 수 있는 절벽길 아래 마을 **강릉 부연동**

야생 산천어를 만날 수 있는 절벽길 아래, 부연동마을

강릉 부연동마을은 약 20여 년 전까지만 해도 이 동네에 연고가 있는 사람을 제외하고는 세상에 알려지지 않았던 오지였다. 구불구불하고 위태위태한 비포장도로를 따라 들어가다 보면 세상에 이런 곳에도 마을이 있을까 하는 생각이 들 정도로 한적하고 적막한 곳이다. 부연동은 오대산에 둘러싸여 공기가 맑고 차다. 양양 남대천의 최상류를 형성하는 부연계곡은 청정계곡으로 이름난 곳이다. 이렇게 축복받은 부연동마을은 세상의 근심과 걱정을 모두 잊고 여유로움과 즐거움을 즐길 수 있는 오지다.

이곳에서는 야생의 산천어를 볼 수 있다. 하지만 그 과정이 쉽지만은 않다. 고불고불 굽어 있는 험난한 길을 따라가야 만날 수 있기 때문이다. 캠핑장에서 1박을 보내고 다음 날 아침 산천어를 만날 기대감에 눈이 번쩍 떠질 것이다. 영화 <흐르는 강물처럼>을 연상케 하는 강물에 캐디스(플라이

야생 산천어
플라이낚시.

고운 빛깔의 산천어.

낚시의 미끼)를 던지면 하나둘 미끼를 물기 위해 모여드는 산천어 떼를 보면 험난했던 낚싯길의 피로가 풀릴 것이다.

산천어가 사는 청정계곡

부연동 계곡은 청정계곡이라 물놀이하기에 아주 좋고 특히 맑고 찬 1급수에서만 산다는 산천어가 서식하는 몇 안 되는 지역 중 한 곳이다. 다만 이곳은 구불구불한 절벽 길로 통하기 때문에 반드시 주의해서 운전해야 한다. 특히 날씨의 영향을 많이 받는 곳이므로 눈이 오거나 비가 많이 오면 길이 끊길 수 있으니 교통상태를 확인하자.

부연동에는 수년 전 아보리스트 교육센터가 들어섰다. 아보리스트는 수목관리사를 뜻하는 말로, 이곳에서는 나무로 할 수 있는 모든 것을 다룬다. 부연동의 깊은 숲속에서는 나무와 나무 사이를 로프로 연결해 즐길 수 있는 모든 아웃도어 액티비티를 맛볼 수 있다. 이곳에서는 트리클라이밍과 함께 캠핑도 즐길 수 있다.

고즈넉한 풍경의
부연동의 폐교.

산천어도 살 만큼 깨끗한 물에서 물놀이를 즐길 수 있다.

가족 단위 여행자라면 역시 아이들도 안심하고 즐길 수 있는 청정계곡에서의 물놀이와 민물낚시가 좋다. 단, 물이 차고 맑아 지나치게 물놀이를 즐기면 감기에 걸릴 수도 있다. 부연계곡을 따라가는 트레킹도 즐길 수 있다.

수령 500여 년이 넘어 소나무의 제왕이라고 불리는 제왕솔이 마을 입구에 있고 탄산과 철분을 함유한 부연약수도 있다. 가마소가 계곡의 풍취를 더한다.

여행 정보

기본 정보

❖ **부연동마을**
🏠 강원 강릉시 연곡면 삼산리 1298
☎ 033-661-6671

숙소

❖ **부연동황토펜션**
🏠 강원 강릉시 연곡면 부연동길 710-25
☎ 033-661-9949
• **홈페이지** : 부연동황토펜션.kr

❖ **부연스카이케빈**
🏠 강원 강릉시 연곡면 부연동길 840
☎ 033-662-5580

❖ **부연동 아보리스트 교육센터**
🏠 강원 강릉시 연곡면 삼산리 1360-1
☎ 010-6336-8285

먹을거리

이 지역의 대표 먹을거리로는 황기를 비롯한 각종 약재로 삶아내는 토종닭이 있다. 옥수수 막걸리를 곁들이면 더욱 맛있다. 이밖에도 철 따라 곰취나물, 개두릅나물 등의 나물이 유혹하는 산나물비빔밥도 좋고, 가을에는 송이버섯과 토종꿀이 부연동의 먹을거리에 풍요를 더한다.

오지성 ★★★☆☆ **난이도** ★★★☆☆

과거에는 삼척에 쉽게 갈 수 없어, 말그대로 오지의 대명사였다.
하지만 최근에는 삼척의 아름다운 해수욕장들이 입소문을 타 많은 사람들이 방문하고 있다.
강원도의 끝자락, 삼척으로 떠나보자.

외나무 다리를 건너다 보면 상쾌함이 절로… 맹방 해수욕장 내 덕봉산 산책로.

오지의 대명사 **삼척
해안들**

동쪽 끝, 강원도 삼척

강원도 삼척은 우리나라 오지의 대명사로 불리던 곳이다. 도로 사정이 나아지면서 접근성이 양호해졌지만 여전히 서울·수도권 기준으로 가장 먼 곳 가운데 하나로 손꼽힌다. 그러나 최근 팬데믹 상황에서 주목받는 곳으로 떠오르기 시작했다.

특히 삼척의 맹방해수욕장은 드넓은 부지에 카라반과 캠핑, 차박을 즐기려는 사람들로 붐빈다. 물놀이 하기에 알맞는 얕은 해변과 동해안에서 쉽게 볼 수 없는 작은 섬도 하나 있어 가족 단위 물놀이객들의 인기를 끌고 있는 곳이다. 원래 가장 대표적인 곳은 장호해수욕장이었으나 최근에는 맹방해

장호항이 한눈에 내려다보이는 장호용화관광랜드 주차장에는 스텔스 차박을 하는 차량이 종종 눈에 띈다.

수욕장으로 인기 순위가 바뀌고 있다. 장호해수욕장은 한 국의 나폴리라고 불릴 만큼 바다 풍경이 아름다운 곳으로 알려졌다. 특히 맑은 물 사이로 산호초가 비치는 모습은 무 엇보다 아름답다. 스노클링 등 각종 해양 스포츠도 즐길 수 있어 액티비티를 좋아하는 젊은층들의 사랑을 받는 곳이다. 해수욕장에서 빌려주는 투명 카약을 타보는 재미도 쏠쏠하 다. 투명한 바닷속이 그대로 비친다.

수로부인설화의 고장

오지 가운데 오지였던 삼척이었지만, 그 아름다움은 삼국시 대부터 알려져왔다. 장호항을 품고 있는 삼척의 해안절벽에

는 신라시대 수로부인의 설화가 내려오고 있다. 절세미인이었던 수로부인이 강릉태수가 된 남편 순정공과 함께 동해안 길을 따라 부임지로 향하던 길에 낭떠러지에 핀 철쭉꽃을 보았다. 수로부인이 누군가 꽃을 꺾어줬으면 좋겠다고 말하던 찰나에 한 노인이 나타나서 꺾어주었다는 이야기다. 그때 지어진 향가가 수로부인 헌화가다. 헌화가의 내용은 다음과 같다.

"(부인께서) 암소 잡은 (나의) 손을 놓게 하시고 나를 부끄러워하시지 않으신다면 꽃을 꺾어 바치겠습니다."

삼척에는 이 전설을 기리기 위해 임원리 남화산 정상에 수로부인헌화공원을 마련했다.

하맹방 해수욕장.

여행 정보

숙소

❖ 쏠비치 삼척
🏠 강원 삼척시 수로부인길 453
☎ 1588-4888
쏠비치 삼척은 바로 앞에 삼척해수욕장과 이사부사자공원 있어 자연을 만끽하며 투숙할 수 있다. 또한, 객실은 아늑하고 군더더기 없는 인테리어로 안정감을 준다. 물놀이를 즐길 수 있는 오션플레이, 스파 시설, 마트, 세탁실, 오락실 등 다채로운 부대시설이 구비되어 있어 장기간 투숙객들에게도 매력이 있다. 바다와 내륙의 매력을 동시에 느낄 수 있는 곳이 바로 삼척이다.

먹을거리

생태지리국과 해물탕이 맛있는 삼척항 내 삼정식당을 추천한다(033-573-3233). 삼척 시내 도루묵찜이 맛있는 정라횟집도 빼놓을 수 없다(033-573-3670).

볼거리

❖ 장호항과 용화항
우리나라에는 이탈리아 나폴리가 떠오르는 항구가 두 곳이 있다. 하나는 경남 통영항이고, 또 하나는 강원도 삼척의 장호항이다. 사실 장호항은 인근 용화항과 나란히 위치하고 있다. 백사장이 초승달 바깥쪽의 튀어나온 곳을 기점으로 위쪽은 용화항이, 아래쪽은 장호항이 자리잡고 있다.

❖ 맹방해수욕장
근덕면 하맹방리에 있는 해수욕장으로, 백사장 길이는 4km, 수심은 1~1.5m로, 동안 답지 않은 적당한 수심으로 해수욕에 그만인 곳이다. 특히 백사장의 경사가 완만해 삼척 제1의 해수욕장으로 불린다.

❖ 나릿골 마을
바닷가 언덕에 있는 나릿골 마을은 옛날의 낡고 허름한 건물에 알록달록한 색을 입히고, 전망대, 미술관 등을 마련해 작은 테마파크에 온 듯한 느낌을 준다. 이 마을의 슬로건이 '감성만개 나릿골'이라고 하는데, 삼척 유일의 감성을 느끼고 싶다면 나릿골 구석구석을 돌아보는 것을 추천한다.

❖ 서프키키해변
서핑을 좋아하는 신혼 부부라면 서프키키해변을 추천한다. 맑은 바닷물은 물론이고 샤워장, 강습 프로그램 등이 잘 갖춰져 있어 서핑족들의 사랑을 받고 있다. 서핑 문화에 어울리는 유쾌한 조형물들도 있어 삼척 해변에서 하와이 와이키키 감성을 느껴볼 수 있을 것이다. 근처에 소나무 숲길도 조성돼 있어 서핑 후 휴식을 취하기에도 좋다.

❖ 신리 너와마을
🏠 강원 삼척시 도계읍 문의재로 1113
☎ 033-552-5967
화전민들이 자연부락을 형성한 전통적인 산촌마을 신리의 너와마을을 방문해보는 것도 나쁘지 않다. 주민들이 실제 살고 있는 마을로, 너와집과 물레방아 등이 잘 보존돼 있다.

❖ 대이리 동굴지대
☎ 033-541- 9266
대금굴과 환선굴 등으로 유명한 동굴지대로, 천연기념물 제178호다. 대금굴의 경우 홈페이지(samcheok.mainticket.co.kr)에서 사전예약해야 입장할 수 있다.

산과 강으로 둘러싸인 영월은 강원도의 대표 청정지역이다.
영월 미다리마을에는 자연뿐만 아니라 옛 전통을 그대로 보존하고 있다.
맑은 평창강에 소나무와 흙으로 지어 올린 섶다리는 한층 운치를 더해준다.

섶다리는 평창강으로 나뉜 뒤밤마을과 미다리마을을 이어준다.

겨울마다 서는 다리가 있는 곳 영월
미다리마을

통나무와 흙으로 만든 임시다리, 섶다리

영월은 '험준한 산과 굽이치는 물줄기 등의 자연을 편히(영寧) 넘는다(월越)'라는 뜻이다. 산과 강으로 둘러싸인 영월은 접근하기 힘든 마을이 많았다. 오래전, 영월사람들은 유량이 많은 여름에는 배를 이용했고, 수위가 낮아지는 겨울철에는 섶다리를 놓아 서로 왕래했다. 섶다리는 통나무로 말뚝을 박고 소나무로 상판을 올려 마지막으로 진흙으로 마무리를 한 임시다리이다. 가을 추수가 끝나면 동네 장정들이 모여 다리를 놓았는데, 여름철이면 섶다리는 강물에 떠내려가서 다리 대신 배를 이용했다. 영월 일대의 섶다리를 놓는 전통은 세월의 유수에 거의 다 떠내려갔고 이제 몇 곳만이 남아 관광자원으로서 명맥을 잇고 있다. 그중 미다리마을은 섶다리 규모가 크고 잘 계승되고 있다.

섶다리는 전통방식으로 지어 허술해 보인다. 다리를 건널 때 삐걱거리기도 하고 군데군데 다리 상판이 주저앉기도 했다. 하지만 길이가 100m 남짓한 나름 긴 대교이다.

굉장한 길이를
자랑하는
미다리마을의 섶다리.

'미다리마을'이란 이름도 여름철 장마에 다리가 떠내려간다
고 해서 지어진 이름이다. 눈 내린 겨울철이면 흙과 나무로
만들어진 섶다리는 눈이 소복하게 쌓여 마치 천국으로 가
는 다리처럼 보인다. 섶다리가 없는 여름이 아쉽기는 하지
만, 더욱 풍족해진 맑은 평창강과 초록의 풍광을 만끽할 수
있다. 강변에는 버드나무와 느티나무 숲이 조성되어 있어 연
인 또는 가족들과 이야기를 나누며 산보를 하기 좋다.

메타세콰이어길

밤뒤마을에서 섶다리를 건너 미다리마을에 들어가면 메타
세쿼이아 숲으로 안내하는 화살표 푯말이 보인다. 숲길에
들어서면 유적지의 열주처럼 길게 일렬로 서있다. 보보스캇
캠핑장의 주인장이 산책길을 조성하기 위해 이십 년이 넘게
가꾼 길이다. 나무가 늘어서 있고 의자 몇 개 놓인 단순한
길이지만, 계절에 따라 초록색, 붉은색, 흰색이 교차하며 다
양한 분위기를 연출한다.

축구장 크기 3.5배(8,000평)의 캠핑장과 150m 길이의 숲길
은 자연과 사색을 즐기기 충분하다. 숲길 벤치에 앉아 추억
을 담은 사진도 많이 찍어보자. 캠핑장은 어린이 수영장, 탁
구장, 캠프파이어장 등 편의시설이 구비되어 있고, 평창강
에서 물놀이와 낚시가 가능해 가족 모두가 즐길 수 있는 여
행지이다.

자연도 머물다
가는 곳.

먹을거리

❖ 판운식당

🏠 강원 영월군 주천면 송학주천로 2113

☎ 033-374-0300

섶다리 바로 인근으로 민물고기 매운탕 전문점이다. 허름한 식당이지만 평창강에서 직접 잡아 온 고기 맛과 주인장의 손맛이 더해져서 얼큰한 매운탕(중, 30,000원) 맛이 일품이다. 감자의 도시 강원도에서 감자전도 빼놓을 수 없다.

❖ 다하누 주천광장점

🏠 강원 영월군 주천면 도천길 22

☎ 033-372-2281

미다리마을과는 차로 11분(8.8km) 거리에 있는 정육식당이다. 소고기는 횡성이 유명하나 영월, 평창도 좋은 품질로 인정받는다. 한우구이도 있지만, 육회비빔밥, 갈비탕 등 간단 식사도 가능하다. 포장·선물용으로 한우 세트를 판매한다.

볼거리

❖ 요선암돌개구멍

🏠 강원 영월군 무릉도원면 무릉법흥로 275-25

조선의 문예가이자 평창군수 양사언은 이곳을 둘러보고 '신선이 놀 만한 바위'라는 뜻으로 '요선암邀仙岩'이라고 이름 붙이고, 커다란 반석에 글씨를 새겼다. 요선암 돌개구멍은 주천강 하상 약 200m 구간에 침식작용으로 생겨난 구멍들로 화강암반 위에 폭넓게 발달해 있다.

❖ 청령포

🏠 강원 영월군 남면 광천리 산67-1

☎ 033-372-1240

이곳은 단종이 왕위를 빼앗기고 머무르던 곳이다. 아름다운 송림이 빽빽이 들어차 있고 서쪽은 육육봉이 우뚝 솟아 있으며 삼면이 깊은 강물에 둘러싸여 나룻배를 이용해서 들어갈 수 있다.

숙소

❖ 보보스캇 펜션캠핑장

🏠 강원 영월군 주천면 미다리길 50-24

☎ 010-9978-2858

• **홈페이지** : www.boboscot.com

메타세콰이어길, 어린이 수영장 등 편의시설과 이국적인 캠핑장 분위기가 시선을 끈다. 최근 가로수길을 찾는 방문객이 많아 캠핑장 이용객들이 불편을 느끼는 경우가 많다. 2021년 하반기부터는 외부인 출입 제한을 염두에 두고 있다고 한다.

❖ 판운캠핑장

🏠 강원 영월군 주천면 미다리길 58

☎ 010-5123-0156

• **홈페이지** : www.pcamp.kr

미다리마을 내, 보보스캇 캠핑장 인근에 있다. 펜션(2층 독채), 26개의 캠핑 사이트를 갖추고, 놀이기구, 동물농장 등의 부대시설을 갖추고 있다.

연포마을은 자동차로 갈 수 있는 가장 은둔형 오지 여행지이다.
세상을 떠나와서 가족과 자연에만 집중할 수 있는 연포마을은 오지 여행의 참된 성지이다.

연포마을을 감싸 도는 동강.

오지 여행의 성지 **정선
연포마을**

오지의 정석, 연포마을

연포마을의 밤에는 달이 3번 뜬다. 마을 앞으로 큰 봉, 작은
봉, 칼봉, 3개의 봉우리가 솟았는데 연포달이 세 봉우리 뒤
로 숨었다가 나타나길 반복하다. 그래서 연포마을의 달은 3
번 뜬다. 연포마을은 산이라기보다는 절벽에 가까운 봉우리
로 둘러싸여 있다. 마을을 굽이굽이 엿가락처럼 감싸는 동
강은 천혜요새를 지키는 성벽 밖 해자(못)와 같다. 이러한
자연특성 때문에 오래도록 바깥 것들이 함부로 연포마을이
들어오지 못했다. 많은 오지를 다녀 봤지만, 연포마을이 많
은 내륙의 오지 중에 가장 오지인 듯하다. 지역 사람들은 연
포(硯浦)를 '베루메'라 부른다. 풀어쓰면 가파른 절벽(베루)
아래 물가(메)에 있는 마을이 된다. 베루는 벼루와 발음이

동강을 건너면
연포마을 초입이다.

비슷하여 벼루 연(硯)자를 따 연포(硯浦)라고 이름 지었다.
연포마을로 가는 길은 동강을 따라 굽이굽이 뻗어있다. 동강을 가로지르는 다리를 지나면 바로 연포마을이다. 이 다리는 2000년 초반에 지었는데, 그 전에는 줄배를 타고 마을로 들어가야 했다. 비가 오거나 물살이 센 날이면 연포마을은 자주 고립되었다고 한다.

세상의 헛것을 동강에 씻어 보내고 청정오지 연포마을로 들어선다. 열 집에 스무 명 정도가 사는 소박한 마을이지만 과거에는 강물에 목재를 띄워 나르던 뗏꾼들로 북적였다고 한다.

연포분교의 녹슨 운동 기구 자리에는 현재 말끔한 캠핑 데크가 자리 잡았다.

마을 초입에는 땅에서 물이 솟아나는 용천수가 있다. 물이 어찌나 맑은지 바깥세상보다 더 선명한 듯하다. 마을을 둘러보니 목재를 뼈대 삼고 흙으로 발라 올린 담배건조막이 보인다. 생김새는 분명 낯익은 건물인데 모양새는 조금 낯설다. 예전에는 집마다 있었지만, 지금은 온전한 게 1채만 남았다.

영화 <선생 김봉두>의 촬영지, 연포분교캠핑장

연포마을 초입에 연포분교캠핑장이 있다. 영화 <선생 김봉두>의 촬영지이다. 촌지만 밝히는 선생 김봉두(차승원)가 시골로 발령이 나면서 억지로 시골 학교의 선생님이 되어 마을 사람들과 생활하는 스토리의 영화다. 학생들과 동네 주민들에게 따뜻한 정을 느끼며 개과천선하는 주인공을 보며 시골 인심을 느낄 수 있는 영화다. 영화의 내용이 배경과 너무도 잘 어울린다. 시나리오를 보고 촬영지를 구한 것이 아니라, 촬영지 연포마을을 보고 시나리오를 쓴 듯하다.

연포분교는 1969년부터 1999년까지 매년 4~5명이 졸업한 자그마한 시골분교이다. 지금은 폐교되었지만 오히려 더욱 바빠졌다. 녹슨 운동기구가 있던 운동장은 말끔한 캠핑장으로 바뀌었고, 교실은 사무실과 숙소로 바꿨다. 주인이 바뀌면서 재단장이 한창이다. 교실은 체험프로그램과 아이들 놀이방으로 쓰일 예정이다.

연포분교에 자리를 잡았다면, 뒷산 쪽으로 하늘벽유리다리

연포분교로 가는 길에 만난 신동읍 내의 벽화.

115

까지 가볍게 산보를 다녀오는 것도 괜찮다. 왕복으로 1시간 반 걸려 부담 없다.

뻥대트레킹 코스 중의 하나인 '하늘벽유리다리'.

하늘 따라 걷는 뻥대트레킹

'뻥대'는 정선말로 절벽을 가리킨다. 봉우리 수준이 아니라 직각의 절벽이다. 정선에서 집을 지을 때 뻥대의 센 기운에 화를 입지 않으려, 집 방향을 뻥대와 마주 보지 않게 약간 비스듬히 짓는다. 연포마을을 지키고 있는 집들도 봉우리가 뻥대를 비스듬히 비켜 지어졌다.

뻥대트레킹 코스는 '연포마을→하늘벽유리다리→칠족령 →제장마을→제장교→성황당고개→원덕천임도→연포마을'까지 총 15km로 6시간이 소요된다. 특히 칠족령에서 내려 보는 동강 물돌이와 뻥대의 조합은 한 폭의 그림이다. 동강의 끝단에 숨은 '거북이마을'이 보고 싶다면 '연포마을→하늘벽유리다리→칠족령→하늘벽유리다리→(갈림길)→거북이마을→연포마을'로 다녀오면 된다. 첫 번째 코스보다 5km 정도 짧다. 산행이 부담스러우면 연포마을에서 동강길(2.5km)을 따라 거북이마을을 다녀와도 된다. 할머님과 아들분이 운영하시는 식당이 거북이마을을 지키고 있다. 식사도 가능하고 인심이 좋으셔서 시원한 물 한 잔은 부탁드려도 된다.

여행 정보

먹을거리

❖ 연포상회
🏠 강원 정선군 신동읍 연포길 530
☎ 010-8824-1163
직접 기른 토종닭을 잡아 정성스레 끓인 백숙과 물 좋은 동강에서 잡은 민물고기에 얼큰함을 더한 매운탕이 주메뉴이다. 요리시간은 한 시간 정도 걸리니, 마실 겸 마을 한 바퀴 도는 것도 괜찮다.

❖ 거북이식당
🏠 강원 정선군 신동읍 연포길 787
☎ 033-378-0888
약초를 넣어 약처럼 달인 닭백숙이 일품이다. 직접 수확하신 산초로 만든 '산초두부'가 별미다. 식당과 함께 민박도 겸한다. 밭일을 자주 나가셔서 미리 예약을 하고 방문해야 한다.

숙소

❖ 연포분교캠핑장
🏠 강원 정선군 신동읍 연포길 544-6
☎ 010-8239-1786, 010-6655-1786
• 홈페이지 : yeonpocamping.modoo.at
오지이지만 데크와 부대시설이 깔끔하게 정리되었다. 개수대와 화장실, 그리고 족구장까지 편의시설을 잘 갖췄다.

❖ 쌍둥이 민박
🏠 강원 정선군 신동읍 연포길 541-22
☎ 010-3812-0840
연포분교 인근의 유일한 민박집이다. 2층 주택을 개조했는데, 베란다에서 보는 동강의 모습이 아름답다. 큰방은 5인에 80,000원이다.

교통편
• 태백선 예미역 → (와와버스, 8.9km) → 동강고성안내소 → (도보, 5.3km, 1시간 10분) → 연포마을
• 태백선 예미역 → (택시, 14km, 약 20,000원) → 연포마을

맑은 자연을 벗 삼아 청량한 계곡에서 휴식을 취하고 싶다면 오대산 소금강계곡이 제격이다.
바라만 보아도 시원하고 청정한 이곳에서 제대로 힐링해보는 건 어떨까?

오대산에는 나뭇가지와 신흙으로 만든 섶다리가 해마다 들어신다.

맑은 물과 맑은 공기를 만날 수 있는 **강릉**
오대산 소금강계곡

울창한 숲속에서 느낄 수 있는 아름다움
작은 금강산, 소금강

소금강계곡은 오대산의 동쪽 기슭에 자리하고 있다. 우리나라에는 소금강(小金剛)이라는 지명을 가진 곳이 몇 군데 더 있지만, 일찍이 조선의 명재상 율곡 이이 선생은 특히 이곳, 오대산 소금강을 둘러보고 「청학산기」라는 책을 지어 오대산 소금강계곡의 아름다움을 극찬했을 만큼, 오대산 소금강의 산세는 수려하고 청량하기로 이름이 높다.

오대산 소금강계곡은 깨끗하고 맑은 자연의 풍경을 벗 삼

오대산 소금강
야영장에서 휴식을
취하는 캠퍼들.

오대산은 곳곳에서
야생동물이 갑자기
나오니 주의하자.

아 오지의 즐거움을 느낄 수 있는 청정 지역이다. 화장실, 샤워실 등의 부대시설도 현대식의 깨끗한 시설로 채워져 있고 사이트의 바닥도 고르며 배수 상태 역시 양호하여 계곡을 즐기기에 큰 문제가 없다.

평소에는 서울에서 멀기 때문에 찾는 사람들이 그리 많지 않지만, 여름 극성수기(7월 25일~8월 5일)에는 주변 강릉이나 속초에서도 당일치기로 놀러 오는 사람들이 많다. 그러니 극성수기에는 되도록 일찍 도착해 자리를 잡거나, 이 기간에는 방문을 피하도록 하자.

또 하나, 워낙 청정하고 맑은 자연을 보유하고 있어 가끔 야생동물(뱀, 너구리 등)이 출현하는 때도 있으니 아이들에게 주의를 기울여야 한다.

기본 정보

🏠 강원 강릉시 연곡면 삼산리 51-5
• **홈페이지** : http://www.knps.or.kr/portal/main.do
• **예약방식** : https://reservation.knps.or.kr/main.action
• **추천 계절** : 봄, 여름, 가을

즐길 거리

어린이와 함께 찾은 여행자들은 청정 소금강계곡에서 아이와 함께 물놀이를 즐겨보자. 단 계곡물이 몹시 차기 때문에 오랜 시간 물놀이는 금물이다.

먹을거리

소금강계곡 주변은 동해의 풍부한 해산물을 재료로 만든 해산물 요리가 맛있고, 각종 한약재를 넣고 끓인 닭백숙도 인기다. 다양한 산나물이 들어간 산나물 비빔밥도 좋고, 옥수수 막걸리도 좋다.

볼거리

소금강계곡에서 차량으로 30분 거리 내에 주문진항, 연곡해수욕장, 주문진해수욕장 등의 다른 볼거리도 많다. 소금강계곡 입구인 삼산리에는 지난 2008년에 천연기념물 350호에서 지정 해제된 삼산리 소나무가 있다. 비록 고사목이 되었지만, 아직도 웅장한 자태를 뽐내고 있으니 한 번쯤은 둘러보는 것도 좋다.

숙소

❖ 소금강버들펜션

🏠 강원 강릉시 연곡면 진고개로 1375-6
☎ 010-4590-0744

❖ 소금강의봄

🏠 강원 강릉시 연곡면 진고개로 1367
☎ 033-661-2578

❖ 오대산소금강야영장

🏠 강원 강릉시 연곡면 소금강길 449
☎ 033-661-4161

야영을 원한다면 오대산 소금강 야영장을 추천한다. 수용 규모는 대형 텐트 기준으로 약 200~300여 동 규모이다. 야영장 위쪽 소금강계곡에는 옥수연, 연자소, 십자소, 구룡폭포 등 소금강의 절경이 펼쳐진다. 인근 계곡에서 물놀이하기도 좋아 아이들을 동반하고 청량한 곳을 찾는 캠퍼들에게 많은 인기를 받고 있다.

• **캠핑료** : 성수기 19,000원(비수기 15,000원)
• **카라반** : 성수기 80,000원(비수기 60,000원)

구분	상태
사이트 면수	200여 동
오토캠핑 여부	가능
화장실	수세식
샤워장	있음(시간 제한 무료이용 가능)
전기 사용 여부	가능(1일 4,000원)
바닥과 배수 상태	노지+잔디, 배수 좋음
주차장과 주차비	국립공원 주차장 이용(2,000원 부터)
개수대	있음
화로대	사용 가능
특이사항	국립공원 내 야영장 중에는 텐트를 빌려주는 야영장이 몇 곳 있는데, 소금강 야영장도 텐트를 빌릴 수 있다. (소형 5,000원, 중형 8,000원)
장보기	캠핑장 주변에 상점이 여러 개 있어 잡화나 장작을 살 수 있다. 대형마트로는 소금강계곡에서 16km 떨어진 연곡농협 하나로마트(033-662-5121)가 가장 가깝다.
레저	소금강계곡을 따라 오대산을 가볍게 걷는 트레킹이나 노인봉(1,338m)까지 등산하기 좋다.

오지성 ★★★★☆ **난이도** ★★★★☆

동해의 비경으로 손꼽히는 두타산 무릉계곡은 신선들이 노닐던
무릉도원이 생각날 만큼 매우 아름다운 곳이다.
빼어난 경치도 구경하고, 맛있는 산채 음식과 해산물 요리도 함께 즐겨보자.

무릉계곡의 청량한 1급수 맑은 물이 흐르는 곳에서의 트레킹.

계곡과 바다를 함께 즐길 수 있는 **동해**
두타산 무릉계곡

동해시 제일의 산수, 무릉계곡

강원도 동해시 서남쪽에 있는 두타산(1,353m)에는 박달령을 사이에 두고 청옥산(1,404m)과 마주하고 있는 산 사이에 형성된 무릉계곡이 있는데, 신선들이 놀던 곳 같다 해서 이와 같은 이름을 얻게 되었다. 무릉도원과 비슷한 계곡이라는 뜻이다. 그만큼 빼어난 풍경으로 명성을 얻어 1977년 국민 관광지로 지정됐다. TV 사극의 배경지로 자주 등장하는 것도 이 때문이다.

두타산 무릉계곡을 즐기기 좋은 계절은 봄과 가을이다. 꽃 피는 영동지역의 봄은 확실히 다른 내륙과 차이가 난다. 태백산맥이 북서풍을 막아주기에 봄이 다른 곳보다 더 온화하다. 가을은 온 산을 물들이는 단풍에 넋을 빼앗길 정도로

무릉계곡 입구의
반달곰 동상.

아름다운 풍경을 자랑한다. 여름에는 시원한 그늘을 찾을 수 있어 좋지만 피서객들이 많아 번잡하다.

야영장 내 매점이 없으니 물건을 살 때는 도보 5분 거리에 있는 상가에 가야 한다. 동해 시내가 가까이에 있고 조금만 더 가면 망상해수욕장이나 소규모 해수욕장, 계곡이 있어 바다와 계곡을 동시에 즐길 수 있다. 이는 두타산 무릉계곡의 또 다른 장점이다.

여행 정보

기본 정보

❖ **무릉계곡 주차장**

🏠 강원 동해시 삼화동 859-1

• **입장료** : 2,000원
• **주차료** : 2,000원(소형 기준)
• **추천 계절** : 봄, 가을

즐길 거리

백패킹 시 두타산 정상에서 야영하면서 일몰과 동해의 일출을 구경하는 색다른 경험을 할 수 있다. 어린이를 동반한 캠퍼들은 무릉반석에서 물놀이를 즐길 수 있다.

먹을거리

바다와 산을 끼고 있는 동해는 오징어를 비롯한 각종 신선한 해산물로 만든 음식과 산나물, 감자 등 투박한 채소들로 만든 음식이 맛있다. 산채 정식, 감자전, 메밀묵, 도토리묵 등 산채 음식을 즐겨보자.

볼거리

크게 둘로 나눌 수 있는데, 두타산과 무릉계곡 자체 내에는 무릉반석, 두타산성, 오심천, 학소대, 옥류동, 광음사, 광음폭포 등이 있고, 특히 무릉반석에는 조선 전기 4대 명필가의 하나로 꼽히는 봉래 양사언의 석각과 매월당 김시습을 비롯한 많은 명사의 시가 새겨져 있다. 두타산을 벗어나 살펴보면 쌍폭포, 용추폭포, 추암해변, 삼화사 등 여러 명소가 동해시에 있다.

숙소

두타산 무릉계곡에는 야영장이 있다. 두타광장 야영장과 청옥광장 야영장으로 구분되는데, 무릉계곡을 형성하는 두타산과 청옥산에서 명칭을 가지고 온 것이다. 두타광장은 소나무 숲속에 자리하고, 청옥광장은 드넓은 잔디밭으로 서로 색다른 재미를 제공한다. 두타광장은 큰 텐트를 칠 수 없지만 여름에 시원하고, 청옥광장은 큰 텐트를 칠 수 있지만 여름에 햇볕을 피할 곳이 없다는 상반되는 장단점이 있다. 야영장 옆에 바닥이 훤히 보일 정도로 맑은 물이 흐르는 계곡이 있어 물놀이를 즐길 수 있다.

화장실과 취사장, 샤워장 등 부대시설을 갖추었다.

오시성 ★★★★☆ 난이도 ★★★☆☆

4계절 내내 송어낚시를 즐길 수 있는 솔치 송어파티!
청정한 자연 속에서 즐기는 송어낚시와 황둔천 풍광 산책.
바글바글한 여름 여행지를 피해 한적한 휴가를 즐기고 싶다면 이곳이다.

사계절 청량한 1급수 맑은 물이 샘솟는 솔치 송어파티.

낚시 최적의 여행지 **원주**
솔치 송어파티

솔치 송어파티에서 낚시와 숙박을 한번에

강원도 원주시 신림면에 자리 잡은 솔치 송어파티는 사계절 용천수가 지하에서 뿜어져 나와 송어의 서식에 그만인 곳이다. 원래 송어양어장을 짓고 펜션도 운영하던 곳인데 이곳에 낚시터와 횟집도 들어섰다. 차고 맑은 물에서 사는 것으로 유명한 송어. 이곳에서는 솟아나는 용천수를 1년 내내 12℃에서 14℃로 유지해 송어를 기른다고 한다. 이 용천수는 손님들에게 마시는 물로도 제공되는데, 물맛도 꽤 괜찮은 편이다.

최근에는 반려견을 수용하는 객실도 일부 개방돼 애견인들에게 호응을 얻고 있다. 솔치 송어파티의 최대 장점은 멀리는 치악산, 옆으로는 감악산이 보이고, 바로 앞에는 주천강의 지류인 황둔천이 흐르고 있어 주변 풍경이 수려하다는 점이다. 게다가 아직은 일반인들에게 잘 알려지지 않아 휴가철에도 한적하게 쉬다가 올 수 있으며, 비교적 넓은 면적을 자랑하고 있어 번잡하지도 않다.

송어낚시만 하면 재미없지!

이곳에는 황둔천 주변 풍광을 보며 걷는 산책 코스와 약 50분 정도 가볍게 오를 수 있는 등산 코스가 있어 산책과 등산을 동시에 즐길 수 있다.

어린이들이 놀 수 있는 어린이 물놀이장이 있고, 맑고 깨끗한 물로 유명한 황둔천이 흐르고 있으니 가족들과 함께 물놀이를 즐겨도 좋을 것이다. 또한 계류형 낚시터와 일반

낚시터가 운영되고 있는데, 입어료는 그냥 손맛만 보려면 10,000원, 직접 잡을 경우 15,000원(1마리)이다. 초등생 이하는 무료이며, 필요하면 송어 전용 루어 낚싯대도 빌릴 수 있다(1인, 5,000원). 여름 성수기에는 낚시학교도 운영한다. 약 8km 떨어진 신림면 황둔리에 고판화박물관이 있어 고즈넉함이 묻어나는 판화를 관람할 수 있고, 직접 만들기 체험도 해볼 수 있다. 이용 요금은 성인 3,000원, 어린이 2,000원이다(월요일 휴관). 약 5km 떨어진 곳에는 치악산 황둔 휴양림이 있어 들러볼 만하다. 또 약 20km 떨어진 영월군 선암마을에는 우리 한반도를 꼭 빼닮은 영월 한반도지형이 있다. 약 1.3km 떨어진 신림면 황둔리에 하나로마트 신림농협 황둔지점(033-761-2044)이 있다. 혹시나 빠트린 물품이 있으면 이곳에서 사면 된다.

여행 정보

기본 정보

❖ **솔치송어파티펜션**

🏠 강원 원주시 신림면 송계리 571-3
☎ 033-764-1506
- **홈페이지** : www.solchipension.co.kr
- **예약방식** : 온라인, 전화 예약
- **추천 계절** : 사계절

먹을거리

솔치 낚시의 즐거움은 뭐니 뭐니 해도 갓 잡은 솔치로 회를 떠 먹는 것이다. 직접 잡은 솔치를 부탁하면 즉석에서 떠준다. 낚시가 힘들면 송어 횟집에 가서 주문해도 좋다. 또한, 주변 신림면 황둔리는 황둔찐빵으로 유명한 마을이니 고구마를 비롯한 각종 채소와 곡물이 가득한 찐빵을 맛보는 것도 추천한다.

오지성 ★★★★★ **난이도 ★★★★★**

복잡한 도심을 벗어나 한가로이 여유를 즐기고 싶다면
인제 쌍다리마을을 추천한다. 전파가 잘 잡히지 않지만,
하루쯤은 핸드폰을 던져두고 맑은 계곡을 바라보며 휴식을 취해보자.

쌍다리 야영장의 우각천.

인적 없는 곳에서 오지의 분위기를 맛볼 수 있는 인제
쌍다리마을

손꼽히는 오지 속 오아시스, 쌍다리계곡

쌍다리 야영장.

쌍다리계곡은 인제군 남면 갑둔리 하늘여울 소치마을에 있다. 이 마을은 대한민국의 대표적인 오지인 홍천의 '삼둔사가리'에 필적할 만한 오지로 손꼽히는 곳이다. 쌍다리계곡에는 우각천이 흐르고 있다. 이 계곡물은 소양호의 상류인 우각천 도수암계곡으로 수량이 풍부하고 물이 맑은 데다가 기암괴석을 휘감고 흘러내리는 모습이 매우 우아하다. 하지만 오지인 만큼 주소만 가지고 이곳을 찾기가 몹시 어려운데, 내비게이션에 강원도 인제군 남면 소치리 579라고 찾으면 길 한가운데로 안내하기 때문이다. 이 길 한쪽에 쌍다리 야영장이라는 간판이 붙어 있는 곳에 텐트를 치거나 차박을 하면 된다.

울창한 산림 속 솥단지 마을,
갑둔리 소치마을

갑둔리 소치마을의 이름은 마을을 둘러싸고 있는 산림이 울창해, 어디로 가든지 고개를 넘어야 하는 고개의 모습이 솥단지 같다고 해서 유래했다. 하늘 아래 첫 동네로 꼽히는 곳이어서 물과 공기가 맑아 웰빙 캠핑을 즐기기에 부족함이 없다.

쌍다리계곡은 현재까지 찾는 사람은 물론, 아는 사람들도 많지 않아 제대로 오지를 느낄 수 있는 곳이다. 야영장 내에는 방갈로(1박, 40,000원)도 갖추고 있어 야외에서 자는 것

쌍다리 야영장 바로 앞의 쌍다리. 다리가 두 개라서 쌍다리라는 이름이 붙었다.

을 꺼리는 가족을 동반한 캠퍼들에게도 부담 없다.

도심을 벗어나 인적 없는 곳에서 여유로운 캠핑을 즐기며 참다운 휴식을 맛볼 수 있는 곳이지만, 오지 특성상 기반 시설이 부족하다는 단점도 있다. 화장실은 재래식이며 개수대와 샤워시설도 없다. 전기도 사용할 수 없고 휴대폰 신호가 잡히지 않는 곳도 태반이다.

하지만 이러한 단점에도 불구하고 진정한 야생을 즐기길 원하는 여행자들에게 강력히 추천하는 매력적인 오지다.

쌍다리 야영장은 계곡 바로 앞이란 것이 큰 장점이다.

여행 정보

기본 정보

❖ 쌍다리쉼터
⬆ 강원 인제군 북면 원통리 산70-13

즐길 거리

소치마을은 전국에서도 손꼽히는 오프로드 코스로, 오프로드 자동차 동호회와 MTB 동호회에서 자주 찾는 곳이다. 하지만 혼자 산길로 들어서지는 말자. 길이 험하기 때문에 조난 확률이 높다. 도수암계곡에서 물놀이를 즐길 수 있고, 생태 숲길을 트레킹하는 것도 좋다. '남면사무소~쉼터~샘터~소치마을 농촌체험학교'까지 도보로 2시간가량 소요되는 약 6km의 길은 생태 숲길 탐방로로, 자연생태체험을 할 수 있는 트레킹 코스이다.

먹을거리

소치마을의 특산물은 유기농 농법으로 인증받은 오리쌀(우각천 계곡의 1급수 맑은 물을 이용)과 각종 산나물, 더덕, 자연산 송이와 토종꿀, 재래식 메주 등이다. 마을 주민들에게 사서 먹어보는 것도 좋다.

볼거리

주변에 강원도 문화재인 갑둔리 5층 석탑과 3층 석탑이 있다. 10km 이내에 소양호 끝자락도 있다.

장보기

필요한 물품은 야영장에 가기 전에 준비하자. 쌍다리 야영장에서 가장 가까운 대형마트는 야영장에서 11km 정도 떨어진 하나로마트 인제농협 신남점(033-461-6077)이다.

특이사항

휴대폰 신호가 터지지 않는 곳이 있다. 마을에서 운영하는 방갈로는 쌍다리 야영장에 3개, 체험학교 마당에 2개, 솔밭 쉼터에 2개 있다.

숙소

❖ 쌍다리 야영장
⬆ 강원 인제군 남면 부평정자로650
• **수용능력** : 10여 동
• **바닥과 배수상태** : 마사토, 배수 상태 좋음
• **오토캠핑 여부** : 일부만 가능하고 굉장히 좁음
• **주차장과 주차비** : 야영장 입구에 주차(무료)
• **화장실** : 있음(재래식)
• **개수대와 샤워시설 전기** : 없음
• **캠핑 추천 계절** : 봄, 가을

❖ 동갈보대 펜션
⬆ 강원 인제군 남면 부평리 405-7
☎ 033-461-2900
다소 바깥쪽으로 나가면 국도변에 이상한 이름의 펜션이 있다.

❖ 바위솔 펜션
⬆ 강원 인제군 남면 부평정자로 1076-6
☎ 033-463-3050

❖ 대체 캠핑장
여름 극성수기에 혹시라도 쌍다리 야영장이 포화상태라면, 주민들에게 사정을 말하고 마을에 있는 소치마을 농촌체험학교(옛 소치분교 터)에 텐트를 치자.

오지성 ★★★★★ **난이도** ★★★★☆

인제 진동계곡은 청정 자연이 잘 보존되어 있어 물 맑고
공기 좋은 곳에서 휴양할 수 있다. 숲속에서 캠핑을 즐길 수 있는 방태산자연휴양림까지.
대한민국 오지 중 오지인 인제로 떠나보자.

방태산 앞 진동계곡에는 열목어를 잡는 플라이낚시가 가능하다.

공기 좋은 계곡에서 삼림욕을 즐길 수 있는 인제

진동계곡과 방태산

희귀 동식물을 볼 수 있는 진동계곡

강원도 인제에 있는 진동계곡은 우리가 흔히 오지를 일컬을 때 얘기하는 '삼둔사가리(살둔·월둔·달둔, 적가리·아침가리·연가리·결가리)'가 주변에 모두 있는 대한민국 오지 중 오지다. 한국에서 가장 큰 숲이라고 할 정도로 나무들이 울창하고 희귀 야생동식물이 봉우리와 계곡마다 가득 차 있어 살아 있는 생태박물관으로 불린다. 자연이 잘 보존된 이곳은 물 맑고 공기 좋은 계곡으로 유명하다.

가을 단풍이 아름다운 방태산 계곡을 트레킹하면 대한민국 최고의 트레킹 코스를 맛보는 것이다.

숲속의 '방태산자연휴양림'

방태산자연휴양림은 숲속의 집을 비롯해 다양한 형태의 숙소를 갖고 있으며 캠핑장도 완벽하다는 평가를 받는다. 특히 크고 넉넉한 데크, 편리한 주차공간 등의 이유로 인기가 많다. 야영장은 크게 제1야영장과 제2야영장 두 곳으로 나눌 수 있는데, 제1야영장보다 제2야영장을 추천한다. 제2야영장이 데크 근처에 주차할 수 있고, 데크에 따라서는 리빙쉘 텐트(거실형 대형 텐트)를 칠 수 있을 정도로 공간이 넉넉하다.

방태산자연휴양림 야영장을 이용할 때 몇 가지 주의사항이 있다. 워낙 야생이 잘 보존되어 있어 차량을 운행할 때 여기저기서 고라니나 너구리 등 야생동물이 출몰하니 조심해야 한다. 화로를 사용할 수는 있지만 숯불만 사용해야 하며, 쓰레기는 반드시 쓰레기봉투를 사용해서 분리수거장에 버려야 한다는 점도 잊지 말자.

알밤 까먹는 다람쥐.

방태산휴양림 데크
바로 아래에는
한여름에도 이가
시리도록 시원한
계곡물이 쉼없이
흐른다.

방태산 인근의
이름을 알 수 없는
식물들이 장관을
이루고 있다.

즐길 거리

계곡에서 물놀이와 방태산 등산을 즐길 수 있다. 특히 한국에서 몇 남지 않은 멋진 오지 풍경을 볼 수 있는 '아침가리'까지의 트레킹을 강력히 추천한다.

먹을거리

주변 내린천에서 갓 잡아 올린 민물고기로 만든 매운탕, 싱싱한 미꾸라지가 춤을 추는 추어탕, 곤드레, 더덕, 표고버섯 등의 산나물로 만든 산채비빔밥, 강원도 청정 산에서 만들어낸 막국수, 손두부, 묵 등이 캠퍼들의 입맛을 자극한다.

볼거리

주변에 방동약수, 미산계곡, 진동계곡 등 청정계곡이 많아 둘러볼 수 있다. 또 이 부근에 우리나라에서도 손꼽히는 오지로 통하는 '삼둔 사가리'가 있다. 직접 오지마을을 둘러보는 것도 좋은 경험이 될 것이다.

숙소

✦ 방태산자연휴양림 야영장

🏠 강원 인제군 기린면 방태산길 377

☎ 033-463-8590

- **바닥과 배수 상태** : 바닥은 마사토, 황토, 낙엽. 배수 상태 양호
- **오토캠핑 여부** : 부분적 가능(제2야영장), 제1야영장은 불가능(다리를 건너야 함)
- **주차장과 주차비** : 국립공원 주차장에 유료 주차 (3,000원)
- **화장실** : 있음(수세식)
- **개수대** : 있음
- **샤워시설** : 있음
- **화로대 사용 여부** : 숙박시설 가능, 야영장 불가능
- **전기 사용 여부** : 불가능

✦ 대체 캠핑장

진동계곡이 우리나라 대표 오지 여행지라서 다른 야영장들과 거리가 멀었으나 최근 알려지기 시작하면서 캠핑장들도 여럿 생겨나고 있다. 아침가리골과 가까운곳에 '인제연가리오토캠핑장&펜션(010-8676-4715)'이 들어섰다. '방태산솔마루펜션식당 오토캠핑장(010-4067-7688)'도 캠핑장 시설과 함께 펜션 등을 잘 갖추고 있다.

장보기

일단 방태산 권역에 들어서면 상점을 찾기 힘들다. 있더라도 살 수 있는 물품 수가 적다. 서울에서 가는 경우 상남면이나 기린면에서 장보기를 권한다. 상남면에 하나로마트 기린농협 상남점(033-461-6766), 기린면에 하나로마트 기린농협 본점(033-461-5016)이 있다.

특이사항

휴양림 관리사무소가 밤늦게는 문을 열지 않으므로 밤늦게 도착하는 일이 없도록 하자.

여름철 여행 장소를 찾고 있다면 청정한 상남천을 추천한다.
시원한 물놀이는 물론, 강원도만의 야생 절경은 빼놓을 수 없는 볼거리이니 한번 떠나보자.

상남천의 하류에서 만난 자작나무 위로 내린 첫 눈.

내린천의 맑은 물이 흐르는 **인제**
상남천

맑디맑은 상남천에서 한적한 여유를

방태산과 개인산, 그리고 오대산으로 둘러싸인 협곡이 잠시 쉬어가는 듯 해발 600m 지점에 나지막한 분지가 형성돼 있다. 이곳은 조선시대부터 사람이 살았던 곳으로 겨울에는 설원이, 여름에는 물 맑은 계곡이 뛰어난 곳이다.

마을은 강원도 인제의 맑고 투명한 물로 유명한 내린천의 상류 하천인 상남천 둔치에 위치하고 있다. 시원한 청정 계곡을 접하고 있으며 주변 풍경도 훌륭한 데다 비성수기에는 한적하기까지 하여 여유로운 가족 캠핑을 즐기기에 적격인

1급수에만 사는 열목어가 잡힐 만큼 깨끗함을 자랑한다.

독특한 건축양식을 가진 살둔산장에서는 숙박과 캠핑이 모두 가능하다.

장소이다.

상남천은 인제군 상남면의 가마봉(1,191m)에서 발원해 반디하우스 캠핑장 근처인 미산리까지 흘러와 홍천 쪽에서 흘러온 방내천과 합쳐진다. 다시 그곳에서 약 1km를 흘러내려가 내린천과 합쳐지는 최상류 하천이다. 내린천 최상류를 이루는 청정 하천답게 1급수 물이 아니면 못 산다는 열목어를 비롯해 여러 냉수성 어종이 살고 있다.

캠핑장 앞의 상남천은 한여름에도 발이 시려 얼마 못 버티고 나올 정도로 시원하며, 나무 그늘도 풍성해 여름철 여행 장소로 최적의 입지조건을 가지고 있는 곳이다.

여행 정보

기본 정보

🏠 강원 인제군 상남면 미산리 780-1

즐길 거리

상남천에서 물놀이를 즐길 수 있다. 또 내린천을 따라 래프팅과 번지점프, 리버버깅 등도 즐길 수 있다. 낚시를 좋아하는 캠퍼들은 근처 상남천이나 내린천에서 낚시를 즐겨도 좋다. 단, 어름치는 천연기념물이므로 잡으면 바로 놓아줘야 하고, 열목어도 포획금지 기간이 있으므로 유의하여야 한다.

먹을거리

상남천과 내린천 주변에는 내린천의 맑은 물에서 갓 잡아낸 민물고기 매운탕이 맛있다. 그 밖에도 강원도 청정산에서 만들어낸 묵과 손두부, 산채정식 등도 맛있다. 반디하우스 캠핑장의 닭칼국수도 권할 만하다.

볼거리

주변에 방태산자연휴양림을 비롯해 진동계곡, 내린천계곡, 미산계곡 등 강원도의 야생 절경을 즐길 수 있는 곳이 많다. 인제와 홍천 주변에는 우리나라의 대표적인 오지인 삼둔사가리가 있다. 지금은 교통의 발달로 오지라는 개념 자체가 모호해졌지만, 그래도 한 번쯤은 둘러보는 것도 좋다.

반디하우스.

장보기

만일 필요한 물품이나 식재료가 필요하다면 약 2.2km 떨어진 상남면에 하나로마트 기린농협 상남지점(033-461-6766)이 있으므로 이곳을 이용하면 된다. 캠핑장에서 장작과 얼음, 가스, 등유 등 캠핑에 필요한 소소한 물품을 팔고 있다.

숙소

❖ 살둔산장

🏠 강원 홍천군 내면 살둔길 30-15
☎ 033-435-5984

이 지역에서 가장 유명한 곳은 살둔산장이다. 특이하게도 전통사찰과 일본식 주택, 한국의 귀틀집의 장점이 혼합된 건축양식을 한 살둔산장은 강변에 있어 한여름 시원한 계곡을 찾는 가족 단위 여행객들의 사랑을 받고 있다.

살둔산장 옆으로는 몽골텐트, 캠핑빌리지, 캠핑사이트 등 2,500평 대지 위에 13개의 널찍한 사이트가 갖추어져 있다. 귀틀집 황토방 숙식이 가능하며, 캠핑이 동시에 가능해 조용히 힐링하려는 가족들의 사랑을 받고 있다. 겨울에는 얼음낚시와 썰매, 여름에는 카누와 물놀이 장소로도 인기가 많다. 살둔에서 구룡령을 넘어 속초까지는 50분 정도가 소요되며, 산과 바다를 동시에 여행할 수 있다는 장점이 있다. 서울에서 경춘고속도로 동홍천IC를 나와 상남, 미산계곡으로 들어가는 노선과 영동고속도로 봉평, 장평IC를 거쳐 내면으로 들어가는 방법이 있는데 승용차와 버스로 2시간 30분 정도 소요된다.

❖ 반디하우스

🏠 강원 인제군 상남면 미산리 780-1번지
☎ 010-4706-2236

- **홈페이지** : www.bandihouse.com
- **예약방식** : 홈페이지 및 전화 예약
- **특이사항** : 반려견이 없으면 캠핑을 하지 못한다.
- **사용료**

A사이트 : 성수기 66,000원(비수기 56,000원)
B사이트 : 성수기 61,000원(비수기 51,000원)
쓰레기봉투 1,000원 별도(A, B사이트 공통)

- **캠핑 추천 계절** : 봄, 여름, 가을

반려견 숙소인 반디하우스는 민박(펜션급 시설)도 가능하며, 닭칼국수 식당을 함께 운영하고 있어 식사도 가능하다. 반려견 캠핑을 전문으로 한다. 반려견을 데리고 여행하는 여행객들의 반응이 좋아 큰 인기를 얻고 있다. 이곳 반디하우스 캠핑장도 민박(요금은 50,000원부터)을 운영하고 있다.

❖ 대체 캠핑장

성수기에 예약하지 않고 왔다가 자리가 없을 때는 미산계곡의 다른 펜션이나 민박에서 운영하는 사설 캠핑장을 이용하면 되기 때문에 크게 걱정할 필요가 없다. 또는 이미 많은 캠퍼로부터 검증된 미산분교 캠핑장을 대체 숙박 장소로 추천한다.

오지성 ★★★★☆ **난이도** ★★★☆☆

낮에는 샤스타 데이지 꽃밭, 밤에는 은하수. 인스타용 사진을 찍고 싶다면 청옥산 육백마지기를 빼놓을 수 없다. 그저 걷기만 해도 좋은, 피톤치드 가득한 오대산 월정사 전나무 숲까지. 이 모든 걸 한 번에 즐기고 싶다면 평창으로 떠나보자.

사진에 담기지 않는 샤스타 데이지의 아름다움.

청옥산 육백마지기와
오대산 전나무숲길

인생 사진 건질 수 있는 이곳,
청옥산 육백마지기!

한여름에도 서늘하다 못해 춥다는 말이 절로 나오는 청옥산 육백마지기. 해발 1,256m의 육백마지기는 평창군 미탄면과 정선군 정선읍에 걸쳐 있는 산이다. 청옥이라는 나물이 나온다고 청옥산이라 불렸는데 좁은 강원도 산골짜기에 '볍씨 600말을 뿌릴 수 있는 들판'이라는 뜻으로 이런 이름을 얻었다.

정상에 가까워질수록 차창 밖으로 가슴이 탁 트이는 전망이 펼쳐지며, 시시때때로 하얀 구름이 몰려왔다가 사라지면서 아름다운 산천의 모습을 보여준다. 최근 평창군에서 육백마지기에 샤스타 데이지 꽃 군락지를 조성하면서 관광객이 급증하고 있다. 더불어 서늘한 곳에서의 차박을 꿈꾸는 차박러들이 몰려들면서 엄청나게 큰 인기를 얻고 있다.

도깨비 촬영지로 유명한
오대산 월정사 전나무 숲

소나무 대신 전나무가 들어선 보기 드문 길. 월정사 전나무 숲은 오대산 여행의 핵심이다. 일주문부터 금강교까지 1km 남짓한 길 양쪽에 평균 수명 90년이 넘는 전나무가 자그마치 1,700여 그루나 서 있다. 월정사는 자장율사가 643년 전, 지금의 오대산에 초막을 짓고 수행을 한 것이 시초다. 원래 소나무 군락지였던 이곳은 소나무 가지에 걸린 눈

길게 뻗은 전나무를
보면 속이 뻥 뚫린다.

어느 각도에서
찍더라도 모든
사진이 인생 사진이
된다.

동강 문희마을로
향하는 옛길.

이 떨어져 공양이 식어버리자 고려 말 무학대사의 스승인 나옹선사 앞에 홀연 산신령이 나타나 소나무를 꾸짖고 전나무 9그루에게 대신 절을 지키게 했다고 전해진다. 전나무는 나무에서 젖이 뿜어져 나온다 하여 붙여진 이름이라고 한다. 피톤치드가 가득 뿜어져 나오니 어쩌면 맞는 이름일 수도 있겠다. 숲길 옆을 흐르는 오대천 상류 계곡에는 가끔 섶다리가 들어선다. 섶다리는 징검다리를 놓기 힘들고 배가 들어서기도 어려운 넓은 하천에 나무와 솔가지 등으로 다리를 만든 것이다. 장마철에는 다리가 떠내려가서 새로 다리를 놓는다. 운이 좋은 날에는 수달, 삵, 족제비 등 야생동물도 심심찮게 볼 수 있다. 오대산의 경우 반려동물 동반 입장은 가능하나, 때에 따라서는 땅에 내려놓지 못하고 품에 안은 채로 데려가야 할 수도 있다.

여행 정보

즐길 거리

샤스타 데이지 꽃밭 한가운데 놓인 작은 목조 교회가 유명한 포토 스폿이다. 밤이 되면 은하수를 볼 수 있으므로 '은하수 사진 찍기'에 도전해보자.

먹을거리

평창에서 막국수를 빼놓고 음식을 논할 수는 없다. 진부면의 두일막국수(033-335-8414), 메밀꽃필무렵(033-335-4594), 진미식당(033-336-5599) 등이 손꼽힌다.

숙소

❖ 평창읍 바위공원
🏠 강원 평창군 평창읍 중리 357
☎ 033-330-2680
• **캠핑료** : 무료
• **주차료** : 무료
• **예약방식** : 없음(선착순)
• **캠핑 추천 계절** : 봄, 여름, 가을

차박의 경우 청옥산 육백마지기에 주차하고 차박할 수 있다. 차박을 하는 사람들에게 평창읍 바위공원을 빼놓으면 섭섭하다. 바위공원 한쪽 끝에 차박을 하는 사람들을 위한 공간이 마련되어 있으니 확인해보자. 잔디밭에는 주차가 금지되어 있고, 쓰레기봉투를 별도로 준비하여야 한다.

평창 하늘마루 목장에 오르면 마치 스위스 알프스에 온 듯한 착각이 들곤 한다.
높은 고원 위 펼쳐지는 광활한 초원에서 자유를 만끽해보자.

평창이지만 어쩐지 '도레미송'이 절로 나온다.

한국의 알프스 **평창**
하늘마루 목장

한국의 알프스라 불리는 평창 하늘마루 목장

스위스처럼 푸른 초원이 가득한 곳을 찾는 이들에게 한국
의 알프스라고 불리는 평창의 하늘마루 목장을 소개한다.
하늘마루 목장은 대관령 양떼목장처럼 인파에 시달리는
곳은 아니므로 사람 많은 곳이 딱 질색인 사람들이라면 한
번쯤 가보는 것을 추천한다. 해발 700m에 위치하기 때문에
한여름에도 서늘하여 마치 스위스 그린델발트에 온 것처럼
상쾌한 기분이 들 것이다. 시원한 공기를 맘껏 맡으며 사방
을 둘러보면 그곳이 바로 영락없는 융프라우다.
첫인상은 강렬하다. 눈에 띄는 시골집을 지나면 청명하게

멀리 스위스까지 갈
필요 없다. 고개를
돌려 평창을 보자.

세상에 이런 여유가
또 있을까 싶다.

울리는 작은 금색 종을 발견할 것이다. 이때 나무 데크 위에 서서 작은 금색 종을 치면 염소 떼가 구름처럼 몰려드는 걸 볼 수 있는데, 파블로프의 조건반사 이론처럼 염소 떼가 종소리에 반응하는 것이다. 그렇게 염소 떼의 귀여운 모습을 뒤로 한 채 목장을 오른다. 목장 내부는 넓고 넓어서 완벽한 트레킹 코스가 된다. 해발 고도는 금세 800m가 넘어가 경사길을 걷다 보면 숨이 턱에 찬다. 공기는 더욱 서늘하고 상쾌하다. 그러다 알프스에서나 봤던 오두막이 한 채 보이고 오두막을 돌아 가운데로 접어들면 텐트 칠 만한 공간이 나온다. 이곳에서 피크닉을 해도 좋고 1박을 해도 좋다. 백패킹과 차박 모두 만족스럽지만, 올라가는 길이 가파르기 때문에 웬만한 사륜구동 자동차라고 해도 적극 추천하지 않는다.

하늘마루 목장을 가면 누구나 틀림없이 소설 속의 주인공
이 된다. 하늘에서는 눈앞으로 별이 쏟아져 알퐁스 도데의
소설 「별」을 떠오르게 한다.

하늘마루 목장의
밤은 낮과 마찬가지로
아름답다.

노동계곡

강원도 평창에는 '아시아의 알프스'라 불릴 정도로 고봉들
이 뻗은 계방산이 자리 잡고 있다. 1,577m의 계방산은 등
산인들을 제외하고는 잘 알려지지 않은 산이지만, 사실 높
이만 따져보면 한라산, 지리산, 설악산, 덕유산 다음으로
높은 산이다. 계방산 노동계곡은 오대산(1,563m), 방태산
(1,444m) 등 해발 1,000m가 넘는 고봉들이 주변에 첩첩산
중을 이루고 있어, 한여름에도 밤에는 한기를 느낄 정도다.
이런 지정학적 위치 때문에 도시를 벗어나 자연을 벗 삼고
혹서를 피해 여름철 휴식을 즐기기에 제격인 곳이다. 노동계
곡 외에도 운두령, 방아다리 약수, 이승복 어린이 생가터 및
기념관, 오대산국립공원 등 주변에 볼거리와 즐길 거리가
넘쳐난다. 계곡 근처 계방산 오토캠핑장에서 반려견과 함께
캠핑도 즐길 수 있어 여름 피서지로 제격인 여행지다.

먹을거리

농원 초입에 주인이 직접 산에서 채취한 약초로 만든 차를 맛볼 수 있는데, 2층은 차를 마시려는 사람을 위한 공간이다. 소박하지만 잘 가꿔진 목조 2층 창가에서 보면 아래쪽 풍경이 정겹다. 직접 잡은 염소로 만든 건강식품이나 염소고기도 살 수 있다. 유기농 달걀도 아주 맛있다.

즐길 거리

❖ 하늘마루 염소목장

🏠 강원 평창군 방림면 삼형제길 297
☎ 010-4658-4692
• **체험비** : 3,000원
• **추천 계절** : 사계절

오지성 ★★★☆☆   **난이도** ★★★★☆

누구나 마음만 먹으면 떠날 수 있는 평범한 오지 여행은 거부하는 사람들에게
홍천 마곡유원지를 적극 추천한다. 카누 체험을 통해 여유롭게 물살을 가르며 주변 경치를
감상하다 보면 웅장하게 자리 잡고 있는 소남이섬배바위를 만날 수 있다.

인근의 캐나디언 카누클럽에서 카누 체험을 즐길 수 있다. 초보자도 안심하고 배울 수 있다.

카누를 접할 수 있는 홍천
마곡유원지

빼어난 자연경관을 벗삼아
카누를 즐겨보자

마곡유원지는 홍천강 하류이자 청평댐 상류에 자리 잡은 자연 발생 유원지다. 예전부터 자갈 강바닥에서 천렵을 즐기던 곳이었다. 이런 유원지에 오토캠핑 바람이 불면서 텐트를 펴고 캠핑을 즐기던 사람들이 몰려들었고, 최근에는 카라반을 끌고 오거나 차박을 하는 사람들이 증가하기 시작했다. 수심이 얕지만, 가끔 수상스키를 즐기려는 모터보

첫 카누 패들링.

홍천 마곡유원지
인근의 배바위는 카누
캠핑에 최적지이다.

트가 인근까지 올라오기도 해 물놀이는 하지 않는 것이 좋
다. 오히려 이곳의 명물이 된 카누 등의 수상 레저로 눈을
돌려 즐기고 오는 것이 좋다.

오지 마니아들의 성지,
춘천 홍천강 소남이섬 배바위

홍천강 소남이섬 배바위는 본래부터 진정한 오지 마니아
들이 찾던 곳으로, 알음알음 소문이 나면서 지금은 꽤 많은
오지 마니아들이 모여들고 있다. 홍천 강가에 자연적으로
발생한 소남이섬 배바위가 매력적이나 화장실, 샤워실, 개
수대, 심지어는 정식 지번도 없어 초보들보다 중급 이상의
오지 마니아들에게 권하는 오지 여행지다.

배바위 야영지는 수량이 적은 갈수기 때는 사륜구동으로
도강이 가능할 정도로 물이 얕다. 하지만 대체로 갈수기를

제외하고는 소남이섬 전체가 물에 잠길 정도로 위험하기 때문에 일기예보에 귀를 기울여야 한다. 바로 옆으로 흐르는 홍천강에서는 카누와 수영, 민물낚시를 즐기기에 적격이다. 하지만 물놀이를 즐길 때는 수심이 깊고 물살이 센 곳도 있으니 주의해야 한다.

배바위는 완전 야생 오지이므로 바로 대각선으로 보이는 홍천 모곡의 펜션을 이용하거나 모곡밤벌 야영장을 이용하며 카누나 카약으로 건너오는 편이 낫다.

카누를 타고서만 볼 수 있는 풍경이다.

기본 정보

- ♠ 강원 춘천시 남면 발산리 859번지 근처 노지
- **추천 계절** : 봄, 가을(우기는 위험)

즐길 거리

배바위 부근은 낚시가 잘되는 곳으로 피라미, 쏘가리, 메기 등이 잡힌다. 또 카누와 카약도 즐길 수 있어 수상스포츠를 좋아하는 캠퍼들이 좋아한다.

먹을거리

홍천강 맑은 물에 사는 피라미, 꺽지, 쏘가리, 메기 등으로 끓인 민물고기 매운탕이 맛있다. 또 홍천과 춘천은 잣과 메밀, 닭갈비가 맛있는 곳이다. 잣밥, 잣 막걸리, 막국수, 닭갈비 등을 즐겨보자.

볼거리

소남이섬 부근 30분 거리에 남이섬, 강촌유원지, 봉화산 구곡폭포 등이 있다.

장보기

배바위 주변에는 상점이 없어서 미리 장을 보고 들어가야 한다. 소남이섬을 중심으로 남쪽으로 10km 지점에 홍천 하나로마트 서면농협 모곡지점(033-434-1008), 북쪽으로 12km 지점에 춘천 하나로마트 남산농협본점(033-261-1930)이 있다.

특이사항

이륜차량도 진입할 수 있지만, 차체가 돌에 긁히거나 바퀴가 모래에 빠질 가능성이 매우 크다. 차체가 높고 사륜이 있는 SUV 차량이 여러모로 안전하다.

숙소

❖ 홍천 쉐르빌

- ♠ 강원 홍천군 서면 밤벌길 19번길 111
- ☎ 033-435-1199
- **특이 사항** : 수영장, 반려동물, 바비큐장, 노래방, 세미나실, 투어, 파티, 조식 제공, 공용시설, 족구장, 단체, 2인실, 개별 바비큐, 침대방, 가족실, 온돌방, 계곡, 수상 레저. 인근의 모곡 유원지에 루트 66클럽 카라반이 들어섰다.

❖ 캐나디언 카누클럽

- ♠ 강원 홍천군 서면 마곡리 23-1
- ☎ 010-3969-9000
- **홈페이지** : www.ohcanoe.com
- **예약방식** : 전화, 홈페이지로 예약
- **캠핑료** : 70,000원

캐나디언 카누클럽은 카누 캠핑을 위해 만들어진 특수 전문 캠핑장이다.

텐트를 9동 정도 설치할 수 있는 규모로, 난민촌 같은 캠프 환경을 배제하고 캠퍼들의 불편을 최소화하기 위해 3블록으로 나눠 한 블록에 3동을 설치하도록 했다. 화장실, 개수대, 샤워실 등이 잘 갖추어져 있고 샤워실에는 따뜻한 물도 잘 나온다. 개수대는 온수 공급에 제한이 있어 찬물만 제공된다. 화장실 수는 적지만 양변기라 깨끗하다. 이렇게 부대시설과 캠핑장을 둘러보면 프리미엄 캠핑장을 위한 주인장의 노력이 엿보인다. 1박 2일 캠프 카누투어는 180,000원으로, 카누 한 대에 최대 성인 2명과 어린이 2명, 또는 성인 3명이 탈 수 있다. 대여 시간대는 오전 9시~오후 6시(하절기 기준)다.

오지성 ★★★★★ **난이도** ★★★★☆

동강캠핑장은 캠핑장 계의 RR(로얄동, 로얄층)이다. 멋진 풍경을 품은 청정구역에 위치해
있기 때문이다. 맑은 공기와 운치 가득한 곳에서 백운산과 동강을 내려다보며 캠핑을
즐길 수 있다. 1년 내내 예약이 가득 차 있는 캠퍼들의 꿈의 장소에서 좋은 추억을 남겨보자.

동강이 한눈에 보이는 초특급 캠핑장.

운해 위에 텐트를 치고,
백운산과 동강을 한눈에 조망할 수 있는 # 정선
동강 캠핑장

지상의 골드층, 정선 동강 캠핑장

캠핑장에 등급을 매길 수 있다면 정선 동강 캠핑장은 5성급이다. 산수화 같은 풍광, 도심의 때를 씻어주는 맑은 공기. 캠퍼와 여행객들에게 이곳은 성지에 가깝다. 굽이굽이 흐르는 동강과 해발 630m로부터 하얗게 내려앉은 운해가 보이는 정선 동강 캠핑장은 지상의 골드층임에 틀림없다.

캠핑장은 폐광지역을 재개발하여 깊은 산중에 있지만, 공단에서 운영하여 샤워 시설, 취사장, 화장실, 전망대 등 편의시설을 잘 갖추었다. 한겨울에도 온수 걱정할 필요 없다.

캠핑장은 67개의 사이트에 대형텐트를 설치하기 넉넉한 가로 4m, 세로 5~6m의 데크가 있다. 전망으로 따지자면 1~10번이 명당이고, 그 중 1~5번이 으뜸이다. 1~3번은 덕을 쌓아야 차지할 수 있다고 할 정도로 예약 경쟁이 치열하다.

물놀이와 낚시를
즐기는 관광객.

정선 동강 인근의
밭에서 소로
쟁기질을 하는 농부.

절경이 따로 없는 아름다운 동강을 따라 걷기

캠핑 외에도 등산이나 물놀이 등 여행의 또 다른 재미를 찾을 수 있다. 동강은 정선읍 가수리에서 시작하여 제장, 연포, 거북이마을을 휘감는다. 절경은 멈춘 듯하고, 나와 강물만이 흐르는 듯하다. 트레킹 코스를 따라 걸으며 동강의 아름다운 자태를 감상하고 기암절벽의 기상을 느껴보길 바란다. 연포에서 거북이마을 등산로로 1시간 정도 거리에 '하늘벽 구름다리'가 있다. 이곳에서는 발아래 흐르는 동강을 내려다볼 수 있다.

여행 정보

숙소

❖ **동강전망휴양림 오토캠핑장**
🏠 강원 정선군 신동읍 동강로 916-212
☎ 033-560-3464
이용료는 20,000~30,000원으로 비수기·주중과 성수기·주말로 구분된다.

전기 사용료가 포함된 가격이며 노지에서의 야영은 불가하다.
예약이 치열한 편인데 홈페이지(www.jsimc.or.kr)를 통해 가능하고 매달 1일, 오전 11시에 다음 달 예약이 가능하다. 공급되는 물은 생활용수로 사용 가능하나 식수로는 부적합할 수 있으니 따로 챙겨가는 것이 좋다.

오지성 ★★★★★ **난이도** ★★★★☆

청정한 자연 속에서 휴식하기에 딱 좋은 곳!
훼손되지 않은 원시 비경의 아름다움을 간직하고 있는 비수구미 마을로 떠나보자.

비수구미 계곡은 트레킹하기 알맞은 곳이다.

강원도 산골짜기에 숨긴 원시 비경 # 화천
비수구미

신비한 물이 만든 아홉 가지 비경 '비수구미'

고운 보석일수록 보자기에 돌돌 말아 깊숙한 곳에 고이 모셔 놓는다. 비수구미는 마치 보석과 같다. 손때 묻지 않은 비수구미 마을은 깊은 산중에 둘러싸여 원시 비경의 아름다움을 간직하고 있다.

비수구미는 강원도 화천 파라호 끝자락에 위치한다. 1944년에 울창한 산세를 화천댐으로 막아 파라호가 생겼다. 파라호는 천연기념물 수달과 멸종위기생물 열목어가 살 정도로 청정지역이다. 파라호 선착장에서 배를 타고 한 바퀴 둘러보

청정한 비수구미 계곡.

비수구미 계곡은
트레킹을 즐기려는
사람들이
알음알음해서
모이는 곳이다.

면 8도 천지 이렇게 '산 좋고 물 좋은' 곳이 있었나 싶다.

비수구미는 파로호와 해산령에 둘러싸인 미지의 마을이다. 마치 동화 속 무지개 마을과 같다. 다섯 가구 남짓한 마을은 낚시꾼들에게만 구전되었다가 최근 오지 마니아들을 통해 알려졌다. 핸드폰도 최근에야 KT만 개통되었다.

비수구미를 즐기는 3가지 방법

육지 섬 비수구미로 가는 방법은 크게 3가지가 있다.

첫 번째는 '해산터널~비수구미'의 도보 코스다. 당일치기 코스로 비수구미를 둘러보고 간단한 트레킹을 할 수 있다. 해산터널(화천읍 풍산리)동쪽 출구를 빠져나오면 차를 세운다. 왼쪽에는 휴게소가, 오른쪽에는 '비수구미 마을'을

알리는 푯말과 산길이 있다. 두어 번만 오르막길을 걸으면 대부분 내리막길이라 부담이 없다. 계곡을 끼고 있어 봄여름에는 시원하고, 야생난초 최대 서식지라 눈도 즐겁다. 가을에는 붉은 단풍이, 겨울에는 하얀 설경이 반긴다. 편도 6km, 쉬엄쉬엄해서 2시간 걸으면 마을 초입 '흔들다리'에 도착한다. 다리 앞에는 마을 토박이 장윤일·김영순 부부가 운영하는 식당이 있다. 구수한 향이 진하게 밴 청국장과 직접 채취한 싱싱한 산나물을 버무려 먹는 '산나물 비빔밥'은 비수구미의 10번째 자랑이다.

두 번째는 '비수구미 선착장~에코스쿨' 코스이다. 에코스쿨에서 캠핑을 하거나 마을 민박에서 1박을 하는 여정이다. 이 코스는 다시 '도보'와 '보트'로 나뉜다. 도보로 갈 경우, 비수구미 선착장에 주차하고 '웰컴 투 비수구미'라고 적힌 산길을 따라 걷는다. 이 코스도 마찬가지로 초반만 잠깐 오르막길이고 이후에는 평지와 데크 길이 이어져 부담 없이

잔잔한 파라호에서
조용히 낚시를
즐기는 강태공.

걸을 수 있다. 길옆에는 울창한 나무 사이로 파로호가 보이고 시원한 계곡물을 간간이 만날 수 있다. 보트를 타는 경우, 선착장에 주차하고 예약한 민박집 보트를 타면 된다. 에코스쿨(수동분교)까지는 보트로 6.5km, 약 20여 분 거리이다. 5~6명까지 왕복 50,000원(편도 30,000원)이다. 핸드폰이 안 될 수 있으니 모터보트와 캠핑은 전날 예약해두자. 1년에 한두 달 가물어 수몰된 도로가 물 밖으로 드러나면 보트를 타지 않고 차로 마을에 갈 수 있다.

세 번째는 '구만리 선착장~에코스쿨' 코스이다. 구만리 선착장에 주차한 뒤 물빛누리호(편도 6,000원)를 타고 에코스쿨로 들어가는 제일 편한 코스이다. 하지만 파로호가 얼거나 10명 미만일 때는 운행하지 않는다.

여행 정보

숙소

❖ 에코스쿨 캠핑장
🏠 강원 화천군 화천읍 동촌2리 2421
☎ 070-7727-1292

❖ 비수구미식당
🏠 강원 화천군 화천읍 비수구미길 470
☎ 033-442-0145
KBS 인간극장에 주인 노부부가 출연해 유명해진 가게이다. 산채비빔밥이 별미이다. 민박과 보트도 함께 운영 중이다.

❖ 비수구미 해산민박(김상준 이장)
🏠 강원 화천군 화천읍 비수구미길 470
☎ 033-442-0962
1채 3실, 총 15명 수용 가능하다.

❖ 강변민박
🏠 강원 화천군 화천읍 비수구미길 553-11
☎ 010-5940-1238

교통

❖ 물빛누리호
🏠 강원 화천군 간동면 배터길 36-8
☎ 033-440-2741
• **물빛누리호 선박 운항 시간표**
11~3월 : 출발 13:00 / 매표 12:30
4~10월 : 출발 10:00, 14:00 / 매표 09:30, 13:30

❖ 관광안내소
☎ 033-440-2575
• **홈페이지** : tour.ihc.go.kr

오시성 ★★★★★ **난이도** ★★★★★

깨끗한 물에만 산다는 열목어, 도심에서 볼 수 없는 희귀동물인 수달과 하늘다람쥐 등을
쉽게 볼 수 있는 곳, 인제의 아침가리로 떠나 색다른 경험을 해 보자.

빌목까지 올라오는 시원한 계곡물을 밟으며 걸어보자.

낙오된 낙원 **인제**
아침가리

도심과 환란을 피해 아침가리로

역병이 창궐하고 나라가 어지러울 때 혼란을 피해, 우리네 조상들은 산으로 몸을 피해 화를 면했다. 민초들의 생민존 망 지침서 「장감록」에는 세상의 환란을 피할 곳으로 '3둔 4가리'를 기록했다. '둔'은 펑퍼짐한 산기슭이란 뜻으로, 살 둔, 월둔, 달둔을 가리킨다. '가리'는 사람이 살만한 계곡가 란 뜻으로, 아침가리, 연가리, 적가리, 명지가리를 일컫는 다. 인제의 4가리 중에 '아침가리'를 으뜸으로 친다. 아침가 리는 아침 조(朝)에 밭 갈 경(耕)을 써서 조경동(朝耕洞)이 라 하는데, 산세 깊은 산골이라 아침나절이면 밭일이 끝난

아침가리에서의
캠핑은 불법이다.

물길이 가는 대로,
발길이 가는 대로.

다고 해서 붙여진 지명이다. 깊은 협곡을 따라 흐르는 계곡 물과 늘어선 원시림은 초연의 모습을 그대로이다.

아침가리에는 화를 피해 숨어든 수달, 하늘다람쥐, 족제비 같은 생태보호짐승과 이름 모를 1,320종의 야생화가 자생한다. 모진 세상을 잠시 잊고 낙오된 낙원 '아침가리'에서 수많은 식생물 함께 속닥한 힐링의 시간을 보내자.

물길에 따라 걷는 아침가리트레킹

아침가리는 매년 초여름 때부터 물길이 열린다. 원래 열린 계곡길이긴 하지만 이때가 제맛이다. 아침가리트레킹은 물 길 따라 걷는 것이다. 계곡은 터널처럼 울창한 원시림을 지

나, 하늘은 푸른 나뭇잎으로 촘촘히 가려져 있어 한여름에
도 따가운 햇살 걱정이 없다. 무릎아래 얕은 물길을 지나도
되고 굳이 허리가 넘는 깊은 물길을 헤치고 다녀도 된다. 이
것으로도 더위가 안 가시면 배낭을 내려놓고 멱을 감아도
된다.

아침가리트레킹은 방동약수터에서 시작된다. 방동약수는
탄산이 있는데 호불호가 있다. 약수 한 잔으로 마음을 다
지고 3km 포장된 임도를 오르면 방동고개에 다다른다. 방
동고개까지 차량이 들어갈 수 있다. 방동고개에서 숲길을
2km 내려가면 아침가리계곡이 시작되는 조경동 다리이다.
계곡에 들어서면 본격적인 수중전이 시작된다. 하지만 수심
이 얕은 물길이 있기에 걱정하지 않아도 된다. 계속 물길을

뜨거운 햇살 걱정없이
걸을 수 있다.

지나기 때문에 아쿠아슈즈를 준비해도 되지만 가장 좋은 것은 등산화를 신은 채로 물길을 걷는 것이 편하고 또 안전하다.

조경동 다리에서 두어 시간 내려오면 아침가리골에서 가장 깊은 뚝발소가 나온다. 수심이 깊고 물흐름이 급해서 들어가기에는 위험하다. 뚝발소에서 다시 두어 시간 내려오면 숲길이 나오고 시멘트로 만든 보가 보인다. 보를 건너면 트레킹의 종착인 진동산채가와 갈터쉼터가 보인다.

자동차를 방동약수터(또는 방동고개)에 뒀다면 택시를 이용해서 돌아갈 수 있다.

만약 위 코스(A)가 부담스럽다면 진동산채가에 주차(무료)하고 조경동다리까지 왕복코스를 추천한다. 오르다 힘이 들면 바로 돌아올 수 있고, 시·종착지가 같아 택시를 안 타도 된다.

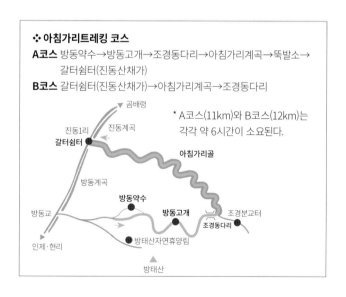

❖ **아침가리트레킹 코스**
A코스 방동약수→방동고개→조경동다리→아침가리계곡→뚝발소→
   갈터쉼터(진동산채가)
B코스 갈터쉼터(진동산채가)→아침가리계곡→조경동다리

* A코스(11km)와 B코스(12km)는 각각 약 6시간이 소요된다.

수심이 깊지 않아
안전하다.

계곡과 자연림이 어우러진
방태산자연휴양림

자연이 잘 보존된 방태산자연휴양림 야영장은 야생캠핑을
즐기기에 적격이다. 1,000m가 넘는 구룡덕봉과 주옥봉에
서 내려온 풍부한 수량의 적가리계곡이 옆에 있고 촘촘한
자연림과 다양한 희귀생물들이 서식한다. 다른 곳보다 크
고 넉넉한 데크, 오토캠핑에 가까운 캠핑을 즐길 수 있을 만
큼 편리한 주차공간 등의 이유로 인기가 좋은 캠핑장이다.

휴양림에는 두 개의 야영장이 있는데, 제2야영장을 추천한다. 데크 근처에 주차할 수 있고 데크에 따라서는 리빙쉘 텐트도 칠 수 있을 정도로 공간이 넉넉하다.

방태산자연휴양림은 인기가 좋아 휴가철에는 예약잡기가 쉽지 않다. 휴양림 인근 민박집이나 진동계곡 하류의 진동계곡야영장을 고려해볼 만하다. 진동계곡 야영장은 오지야영장이라 화장실도 재래식이고 편의시설이 부족하지만, 오지에만 느낄 수 있는 자유와 재미를 맛볼 수 있다.

여행 정보

먹을거리

❖ 진동산채가
🏠 강원 인제군 기린면 조침령로 1073
☎ 033-463-8484
산채정식(15,000원), 산채비빔밥(8,000원)이 주요 메뉴이다. 산나물과 버섯 밑반찬이 깔끔하다. 이 식당은 아침가리골 트레킹의 시·종착지이다. 트레킹을 위한 주차가 무료로 가능하다. 민박도 겸한다.

❖ 숲속의빈터방동막국수
🏠 강원 인제군 기린면 조침령로 496
☎ 033-461-0419
시원한 막국수(6,000원)에 감자전(3,000원)과 막걸리(5,000원)가 더할 나위 없이 훌륭하다. 가성비가 좋은 지역 대표맛집이다.

❖ 고향집
🏠 강원 인제군 기린면 조침령로 115
☎ 033-461-7391
직접 만든 두부로 철판 위에 들기름 두르고 구운 두부구이(9,000원)와 얼큰하게 끓인 두부전골(8,000원, 2인이상)이 주요 메뉴이다.

❖ 피아시매운탕
🏠 강원 인제군 기린면 내린천로 3611
☎ 033-462-3334
메기매운탕(중, 38,000원), 빠가+메기매운탕(중, 48,000원) 등 민물 생선으로 끓인 매운탕 전문점이다.

교통편

❖ 대중교통
동서울/상봉버스터미널 → (고속버스, 2시간) → 현리버스터미널 → (버스 30,46번, 26분) → 진동산채가 또는 방동약수

❖ 방태산자연휴양림
🏠 강원 인제군 기린면 방태산길 377
☎ 033-463-8590

치악산의 풍취가 살아있는 **원주**

치악산 구룡계곡

물 맑고 산 좋은 치악산 구룡계곡

치악산 구룡계곡은 물 맑고 산 좋은 국립공원 소속 계곡이다. 국립공원공단에서 관리하는 곳이라 부대시설도 깔끔해 많은 인기를 얻고 있다. 치악산의 초입인 구룡사계곡에 자리잡고 있어 찾기 쉬운 데다 근처에 구룡사, 구룡사계곡, 좀 멀리는 선녀탕계곡 등 치악산의 또 다른 명소들이 있어 사람들이 많이 찾는 곳이다. 구룡사를 오가는 계곡길은 평탄하고 여유롭다. 계곡도 아름다워서 많은 사람들이 찾는다. 등산이 하고 싶다면 구룡사 정류장에 차를 세운 뒤 도보로 이동하면 된다. 숙박의 경우 초입에 있는 구룡사 오토캠핑장을 이용하면 되는데, 캠핑장 옆 자그마한 계곡에서 가벼운 물놀이도 가능하다. 치악산 등산이나 약 2시간 거리의 선녀탕계곡까지 산행을 즐기는 것도 좋다. 체력에 따라 세렴폭포, 비로봉에도 가보자. 사람이 적은 곳에서 한적한 캠핑을 원한다면 배낭을 매고 구룡사 위쪽의 대곡야영장까지 백패킹을 즐겨보자.

더운 여름엔 역시 시원한 계곡으로 떠나는 것이 제일이다. 치악산 구룡계곡에서 한적한 여유를 즐겨보는 건 어떨까?

여행 정보

❖ **치악산 구룡계곡**
🏠 강원 원주시 소초면 학곡리

오대천에서 즐기는 천렵 # 정선
졸드루휴양지

한여름에만 즐길 수 있는 특별한 곳을 찾는다면 바로 이곳, 푸른 잔디와 맑은 오대천이 있는 정선 졸드루휴양지를 적극 추천한다.

졸드루 옆 '강과소나무 펜션'.

여름에만 열려 있는 정선 졸드루휴양지

정선 졸드루휴양지는 오대산에서 발원한 오대천과 황병산, 중봉산 등지에서 발원한 조양강(골지천)이 만나는 합수 지점 부근에 자리한 곳이다. 졸드루는 얼핏 외국어처럼 들리기도 하지만, 작다는 뜻의 '졸'과 평지라는 뜻의 '드루'가 합쳐진 순우리말이다. 인근 마을에서 관리하는 졸드루휴양지는 정선군에서 조성한 곳답게 시설이 깔끔하고 관리도 잘 되어 있어 누구나 이용하기 좋다. 특히 가족 단위 여행객들에게 인기가 많은 캠핑장이다. 공식적으로 한여름인 7~8월에만 운영한다. 전기 사용이 가능하고 화장실과 개수대 시설도 잘 갖춰져 있다. 바닥은 푹신한 잔디로 되어 있으며 화로를 사용할 수 있고 캠핑장 내 미니축구장이 있어 축구나 족구, 배구 등 체육활동도 즐길 수 있다. 오대천은 물이 맑아 물놀이하기에 좋지만, 물살이 세서 어린아이에게는 위험할 수 있으므로 보호자의 주의가 필요하다.

여행 정보

❖ **졸드루휴양지**
🏠 강원 정선군 북평면 나전리 328

충청도

충청북도 영동군 양산면 '송호국민관광지'

03

오지성 ★★★★☆ **난이도** ★★★☆☆

조선 시대 철종이 꿈에서 보았던 '봉우리가 비치는 물가'를 찾아 발견한 곳이
충주의 수주팔봉이라고 한다. 출렁다리와 인공폭포까지 더해져 경치가 풍성하다.

위에서 내려다 보았을 때 물이 휘감는 모습은 가히 장관이다.

언택트여행 1번지 **충주**
수주팔봉

이름난 바위의 위엄이 드러나는 수주팔봉

수주팔봉은 예로부터 충주지역의 이름난 관광지였다. 달천 강을 휘돌아 흐르는 곳에 펼쳐진 경치 가운데 수주팔봉을 가장 으뜸으로 칠 정도로 풍경이 아름답다. 험준한 493m 높이 위의 바위는 가장 위엄을 뽐내는 장소이다. 송곳바위, 중바위, 칼바위 등 다양한 이름을 가진 바위들로 형성돼 있다. 특히 산자락을 휘감아 도는 강줄기는 병풍 속 그림 같은 느낌을 준다. 수주팔봉은 달천강 주위 여덟 봉우리에서 얻은 이름이다. 한 가지 특이한 점은 여덟 봉우리의 가운데 부분이 잘렸는데, 원래 물길이 흐르던 곳을 잘라 산허리를 끊

물가에서 물놀이와 차박을 동시에 즐길 수 있다.

었기 때문이다. 봉우리가 잘린 곳에는 작은 폭포가 생겨났고 구름다리까지 놓았다. 수주팔봉은 특히 코로나 시대를 맞아 차박의 성지로 떠올랐다. 강변에 차를 세우고 폭포를 바라보면 가슴이 탁 트이는 느낌을 받을 수 있다. 강변으로 차를 몰아 들어가 차박을 즐기는 하루 동안 주변에 차박하는 차만 100여 대가 넘었다. 수많은 차들 중, 진입을 시도하던 카라반 한 대가 뒤쪽 바닥이 땅에 닿아서 애를 먹었다. 누군가 오목하게 들어간 바닥에 큰 돌을 놔줘 카라반이 안전하게 진입할 수 있었다. 카라반 진입에는 조금 주의가 필요해 보였다.

차박의 성지로 입소문이 제대로 났다!

충주시는 이곳이 차박의 성지로 알려지면서 주말마다 캠핑족으로 북적이는 수주팔봉의 권역 개발을 위한 기본 구상 및 계획 수립에 나섰다. 충주시는 이번 용역을 통해 수주팔봉 권역을 전국적인 명소이자 관광 목적지로 조성하기 위한 새로운 콘텐츠를 발굴한다는 계획이다.

차박 캠핑족의 사랑을 받는 수주팔봉.

전문가 및 주민들의 의견 수렴, 여건 분석과 사례 수집을 통해 관광 트렌드에 맞는 개발 과제를 도출하고 주변 자원을 연계한 체험·체류형 관광 시설과 콘텐츠 발굴에 나선다. 차박의 성지답게 수주팔봉은 수세식 화장실도 갖추고 있다. 그러나 코로나19가 심해지면 시 자체에서 폐쇄하는 경우가 있으므로 반드시 사전 체크가 필요하다.

출렁다리 위에서 내려다 보면 장엄한 풍경을 볼 수 있다.

깊은 산 속 옹달샘 누가 와서 먹나요

충주에 왔다면 명상, 휴식 등을 활용한 마음 치유 여행지인 '깊은산속옹달샘'을 뺄 수 없다. 이곳은 문화체육관광부와 한국관광공사가 선정한 웰니스 관광지다. 최근 코로나19로 인해 사람 많은 곳을 피해 혼자 즐길 수 있는 명상과 웰니스가 각광받으면서 재조명을 받고 있는 곳이다. '깊은산속옹달샘'은 '마음으로 마음을 치유하는 것'을 모토로 하는 명상 전문 기관이다. 주변의 아름다운 풍광을 즐기며 할 수 있는 걷기 명상은 남녀노소 누구나 접할 수 있어 매력적이다. 편백나무를 통해 머리부터 발끝까지 굳은 근육을 풀어내는 통나무 명상 등 다양한 형태의 명상을 즐길 수 있다.

여행 정보

기본 정보
🏠 충북 충주시 대소원면 문주리 산 1-1

먹을거리

❖ 팔봉콩밭
🏠 충북 충주시 대소원면 문주리 50-1
    팔봉안길8
☎ 043-848-8086
매일 가마솥에 두부를 만들고, 직접 재배한 농산물로 밑반찬을 만든다. 신선한 두부에는 구수한 콩향기가 가득하다. 두부전골(2인 이상) 8,000원, 청국장 7,000원.

❖ 장모님만두
🏠 충북 충주시 충인8길 4-2
    순대 만두 골목
☎ 043-843-9032
충의시장에는 유명한 만둣집이 많다. 이곳 김치만두의 특징은 아주 매운데, 고기만두와 섞어서 먹는 것이 팁이다. 김치·고기만두 2,000원.

볼거리

❖ 수주팔봉 구름다리
🏠 충북 충주시 살미면 토계리 산 3-2
차박지 맞은 편에 수주팔봉 전망대가 있다. 전망대로 가는 출렁다리와 그 밑으로 흐르는 폭포가 볼 만하다. 전망대에서 내려보면 아름다운 팔봉마을 풍경이 한눈에 들어온다. 차박지에서 걸어서 가도 되지만, 차로 이동을 하면 전망대 입구 대로변에 주차를 하면 된다.

❖ 깊은산속옹달샘
🏠 충북 충주시 노은면 우성1길 201-61
☎ 043-723-2033
• **홈페이지** : godowoncenter.com
힐링을 위한 요가, 명상프로그램이 준비되어있다. 보통 1박을 숙박하며 식사는 제공된다.

숙소

❖ 수주팔봉 차박지
🏠 충북 충주시 대소원면 문주리 산 1-1
내비게이션에 팔봉폭포수매점(충북 충주시 대소원면 문주리 39-1)을 검색해서 가면, 매점 바로 옆에 강변으로 들어서는 길이 있다.

오지성 ★★★★★ **난이도** ★★★★☆

자연적으로 발생한 강변유원지인 충주의 삼탄유원지는
자연이 인간에게 주신 선물이 아닐까?
경치 좋은 곳에서 낚시와 카약을 즐기고 싶다면 삼탄유원지가 제격이다.

삼탄교 아래쪽에서도 캠핑을 하는 사람들이 많다.

낚시, 차박 최고의 메카 충주
삼탄유원지

오지 중의 오지, 낚시의 메카 삼탄유원지

이번에 소개할 곳은 오지 가운데 오지인, 충청북도 충주시 산척면 명서리의 오지마을이다. 이곳은 주포천이 마을을 휘돌아 나가며 생긴 자연 발생유원지로, 이 지역 철교 위에서 영화 <박하사탕>에서 "나 돌아갈래!"라고 외치는 그 유명한 장면이 탄생했다.

화전민들만이 가끔 머물렀을 정도로 인적이 드문 곳이었지만 충북선이 연장 개통되면서 이곳의 가치를 알아본 사람들로부터 조금씩 알려지기 시작했다. 사실 낚시라면 어디든 못 갈 곳이 없던 낚시인들 덕분에 오지 중의 오지인 이곳이 제대로 알려진 것이라고 할 수 있다. 삼탄은 강준치 낚시의 메카이다. 루어낚시로 많이 잡히는 강준치는 매년 첫 장마

물이 내려가면 알을 낳기 위해 이곳으로 모여드는데 이때가 가장 잘 잡히는 시기다. 그렇다고 해서 초심자들이 쉽게 잡을 수 있는 것은 아니다. 낚시인들 사이에서는 3번의 탄식 끝에 비로소 고기가 잡힌다는 이야기가 떠돌기도 한다.

세 여울이 어우러진 곳에서 카약과 캠핑 즐기기

삼탄교를 지나 오른쪽으로 달리다 보면 물 바로 앞에서 텐트를 칠 장소가 여럿 있다.

우스갯소리지만 삼탄(三灘)이라는 이름은 광천소여울, 소나무여울, 따개비여울 등 세 여울(탄)이 어우러지는 곳이라 하여 붙여진 것이다. 자연 발생 유원지다 보니 차박을 하는 사람들과 텐트를 가지고 와서 캠핑하는 사람들이 많다. 그리고 주변 경치가 좋고 물도 풍부해 카약을 타는 사람들도 많

이 늘었다. 이곳은 수심이 깊어 수영이나 물놀이를 추천하지 않는다. 대신 낚시나 카약 등을 즐기기에는 더없이 좋다. 천등산 캠핑장도 삼탄역 바로 앞에 있어 캠핑하다 여유로운 시간에 시골 간이역에서 데이트를 즐길 수도 있다.

캠핑을 할 수 있는 곳은 크게 두 군데로 나뉜다. 명서교 아래에서 하천 쪽으로 나온 공터, 또는 삼탄 소운동장 안쪽에 있는 주포천변 방풍림 쪽이 각광을 받고 있다. 정해진 야영 구획이 없으므로 마음에 드는 곳에 사이트를 구축하면 된다. 캠핑이 다소 불편할 수는 있겠지만 그렇게 어려울 정도는 아니다. 화장실, 세면대 등의 시설도 최신형은 아닐지라도 나름 깨끗하게 잘 관리되고 있다. 주차는 삼탄 소운동장 주차장을 이용하거나 다리 아래에 있는 공터에 주차하는 것을 추천한다. 차량이 진입하기 힘든 곳도 있어서 짐을 직접 옮겨야 하는 번거로움이 있기는 하지만 이 역시 야외 캠핑의 매력이다.

기차를 이용한 여행도 가능하다. KTX를 이용하여 경부선 오송역에서 충북선으로 환승하면 삼탄역에 도착한다. 삶은 달

삼탄교를 지나면 바로 화장실과 개수대가 있다. 수세식이며 매우 깔끔하다.

아이들이
견지낚시를
하고 있다.

걀과 사이다를 준비해 옛 추억 속으로 여행을 떠날 수 있다.
기차를 타고 제천역에 도착해 시골 장터와 의림지(제천시의
저수지)를 구경한 뒤 삼탄역으로 돌아오는 코스로 잠시나
마 기차여행을 즐겨보자.

천등산 캠핑장

천등산 캠핑장의 가장 큰 매력은 카약이다. 이곳 주인장은
오랫동안 캠핑과 아웃도어를 즐겨 온 사람으로, 그가 추천
하는 2가지 카약코스가 있다. 첫 번째로 전문가들을 위한
상류 방향 8km 급류코스이다. 이곳은 사람의 발길이 닿지
않는 오지 구간으로 유속이 빠른 구간(riffle)과 유속이 느

린 구간(pool)이 이우러저 짜릿한 급류카약을 맛볼 수 있
다. 두 번째로 하류 방향 10km 평수코스는 누구나 즐길 수
있는 코스이며 충주댐과 연결되어 잔잔한 호수 위에서 아름
다운 경치를 감상할 수 있다. 캠핑장 이용객이라면 카약을
무료로 대여할 수 있으니 한번 체험해보는 것도 좋을 것 같
다. 이 캠핑장은 조용한 곳에서 한가로운 캠핑을 즐길 수 있
지만 수심이 깊어 물놀이에는 적합하지 않다.

삼탄절벽.

여행 정보

즐길 거리

상류 5km 구간은 사람이 살지 않는 천
혜의 비경을 간직하고 있는 강물을 따라
계곡 트레킹을 하거나, 천등산에 조성된
임도(약 25km 구간)에서 산악자전거를
즐길 수도 있다.

숙소

❖ **삼탄유원지 야영장**
🏠 충북 충주시 산척면 명서리 477-1
☎ 043-850-7329
• **차박 또는 캠핑료** : 없음
• **여행 추천 계절** : 봄, 여름, 가을
• **마사토, 초지 배수상태** : 보통
• **화장실** : 수세식

❖ **천등산 캠핑장**
🏠 충북 충주시 산척면 명서리 512-2
☎ 010-2745-7950
• **캠핑료** : 30,000원
• **홈페이지** : cafe.naver.com/chundeungsan
• **캠핑 추천 계절** : 1년 내내 운영하지만, 특히 카약을
　　　　　　　　　 즐길 수 있는 봄, 여름, 가을.

낮에는 카누·카약, 밤에는 오토캠핑, 그리고 인삼으로 몸보신할 수 있는 이곳은 금산이다.
기암을 이루는 절벽, 그 아래 흐르는 적벽강이 만들어내는 절경,
청정 금강이 3면을 둘러싼 방우리마을로 떠나보자.

잔잔한 적벽강을 유유히 가르는 카누.

청정 금강과 절경 병풍으로 둘러싸인 육지 섬 **금산**

방우리마을과 적벽강

청정 금강이 흐르고 흘러 만난
금산 방우리마을

전라북도 장수에서 시작된 금강은 선인들이 속세를 잊고 살았다고 전해진 갈선산(葛仙山)을 끼고 돈다. 청정지역을 흐르는 이 신비로운 금강은 물이 맑아 1급수 어종인 쏘가리, 꺽지 등이 산다.

청정 금강이 흐르고 흘러 충청도에서 처음 만나는 곳이 바로 금산 방우리마을이다. 금강은 이 마을의 3면을 물돌이로 감싸고 있는데, 그 모양이 마치 방울과 같다고 하여 '방우리'라는 이름이 붙었다.

방우리마을로
들어가는 초입.

오지 중의 '진짜' 오지

방우리는 강과 산으로 둘러싸인 육지 섬이다. 주민들의 대부분이 '설가(挈家)'이며 현재 20여 가구 남짓 사는 방우리는 오지 중의 오지다. 대중교통을 이용하여 이곳을 방문하는 것은 거의 불가능하다. 수도권이나 대전에서 고속도로를 타고 전북 무주IC로 내려가 다시 국도를 타고 올라가야 한다.

봉우리에는 그 흔한 구멍가게나 식당이 없다. 오는 길이 마침 점심 때라면 금산인삼약령시장에 들러 삼계탕 한 뚝배기와 인삼 튀김 한 접시로 든든히 배를 채우면, 방우리를 둘러보는데 한결 수월할 듯하다.

방우리의 초입에는 하늘을 찌를 듯한 '촛대바위'가 정승처럼 서 있다. 바위를 조금 지나면 표지판이 나오는데, 좌측으로 가면 큰 방우리이고, 우측으로 가면 농원이라고도 불리는 작은 방우리이다.

금강을 따라 마을로 들어오면 풋말이 보인다. 여기서 좌측이 큰 방우리고, 우측으로 올라가면 작은 방우리가 나온다.

우선 금강을 따라 좌측으로 가면 큰 방우리마을이다. 좁은 마을 길로 들어가면 한 단 한 단 쌓아 올린 흙담길이 늘어서 있다. '큰' 방우리란 이름이 무안할 정도로 마을은 자그마하다. 흙담길 따라 10~20분 정도면 마을을 다 둘러본다. 마을 아래쪽에는 고운 모래와 녹음이 펼쳐져 있는 둔치가 나온다. 왔던 길을 돌아 작은 방우리마을로 나선다. 푯말 우측으로 경사가 급한 언덕을 넘으면 적벽강이 보인다. 작은 방우리에는 주민들이 손수 흙을 퍼 나르며 개간한 논이 있는데, 이곳은 1963년 신상옥 감독의 영화 <쌀>의 배경이 되었다. 마을 초입에는 시원한 적벽강이 흐르고 있다. 본래 이곳에서 차박과 캠핑이 가능했지만, 최근 코로나 탓에 여름 시즌에는 통제를 한다고 한다.

큰 방우리 마을
아래 금강 둔치.

작은 방우리마을
초입의 적벽강.

아름다운 적벽강에서 바라보는 절경

부리면 수통리는 아름다운 금강변과 더없이 멋진 기암절벽
이 조화로운 풍경을 연출하는 곳이다. 이곳은 특히 카누와
낚시를 즐기기에 알맞은 곳이다. 부리면 수통리 끄트머리에
서 길이 끊겨 이 위쪽을 탐험할 방법은 오로지 카누나 카약
뿐이다.

무동력 수상 레포츠인 카누나 카약에 몸을 싣고 깊이를 모
르는 물길을 올라가는 것도 나쁘지 않다. 특히 수통리와 도
파리로 이어지는 50리(20km) 남짓한 구간은 아름답기 그
지없는 곳이다. 카약에서 내려 적벽강을 끼고 있는 양각산
의 바위 봉우리인 함바위와 그 아래로 흐르는 금강을 바라
보는 맛은 가히 대한민국에서 빼놓을 수 없는 아름다운 장
면이라 할 만하다.

이곳을 찾기에 가장 좋은 시기는 봄이다. 금산의 홍도마을은 봄이면 붉은 개복숭아꽃인 홍도화가 만발해 큰 만족감을 준다.

넓은 잔디밭에서 가족과 함께
오토캠핑을 즐기고 싶다면 이곳으로

십수 년 전부터 오토캠핑의 바람이 불면서 드넓은 잔디밭에 조성된 적벽강오토캠핑장도 큰 인기를 얻었다. 마을에서 공동 관리하는 화장실, 개수대 시설 등이 다소 불편하다는 평가가 있지만 국내에서는 보기 드문 드넓은 잔디밭 캠핑장이라는 특이한 자연환경 덕분에 캠핑 마니아들의 사랑을 받고 있다.

봄과 가을에는 직벽강 골바람으로 불어오는 돌풍에 유의해야 하며 여름에는 그늘이 없으므로 반드시 차광이 좋은 타프를 쳐야 한다.

적벽강오토캠핑장.

기본 정보

🏠 충남 금산군 부리면 방우리
• **금산군 여행 정보** : www.geumsan.
go.kr/tour

먹을거리

방우리마을에는 식당이 없으니 오는 길 혹은 가는 길에 인근에서 식사를 해결하자.

❖ 금산인삼약령시장

🏠 충남 금산군 금산읍 인삼약초로 24
곳곳에 인삼 모형이 반기는 금산은 과연 인삼의 고장이다. 우리나라 3대 약령시장으로 손꼽히는 금산의 약령시장에 방문해보자. 시장 입구에 들어서는 순간부터 인삼 냄새가 코를 찌른다면 제대로 찾아온 것이 맞다. 신비한 약초를 파는 상가를 구경하느라 정신이 팔려 인삼 튀김을 놓치지 말자. 왠지 쓸쓸할 것 같은 인삼도 튀겨내면 바삭, 달콤하다.

❖ 적벽강가든

🏠 충남 금산군 부리면 적벽강로 774
☎ 041-753-3595
금강에서 잡은 민물고기에 금산 인삼을 넣어 만든 인삼어죽이 대표메뉴이다. 그 밖에도 도리뱅뱅, 빠가매운탕 등이 있어 가족 단위로 방문하면 푸짐하게 먹을 수 있다.

볼거리

❖ 방우리습지

🏠 충남 금산군 부리면 방우리 산5-1 일원
대둔산, 십이폭포, 개삼터공원 등을 함께 둘러보면 좋다.

숙소

❖ 적벽강오토캠핑장

🏠 충남 금산군 부리면 수통리 700-56
☎ 041-751-7142
• **캠핑료** : 무료
• **추천 계절** : 봄, 가을
넓은 잔디밭에서 가족과 함께 배드민턴이나 발야구 등의 스포츠를 즐기는 것도 좋다. 낚시도 가능하며, 봄철에는 끄리가 플라이낚시에 잡히곤 한다

❖ 남이자연휴양림오토캠핑장

🏠 충남 금산군 남이면 건천리 산166
☎ 041-753-5706

❖ 대둔산자연휴양림

🏠 충남 금산군 진산면 대둔산로 6
☎ 041-752-4138

오지성 ★★☆☆☆ **난이도** ★★☆☆☆

여행에서 기차는 수단일 뿐 목적은 아니다. 하지만 이번 여행지의 목적은 '기차'다.
기차를 몸소 체험할 수 있는 연산역은 특히 아이들에게는 색다른 재미와 흥미를 전해준다.
어른들도 아이들의 눈높이에 맞춰 동심으로 떠나보자.

호남선의 조용한 간이역, 연산역.

기차를 좋아하는 아이를 위한
오붓한 간이역 여행 논산
연산역

기차체험여행, 연산역

오지를 좋아하는 부모와 기차를 좋아하는 아이가 함께 즐길 수 있는 여행, 바로 간이역여행이다. 기차역으로 떠나는 여행은 짐을 한가득 챙길 필요도 없고, 고속도로 정체 걱정도 없다. 수도권과 충청·호남권에서 기차로 출발해, 연산역에서 기차체험을 하며 오붓한 한나절을 즐기는 여행이다.

연산역은 대전과 논산의 중간에 있다. 상하선 합쳐서 무궁화호만 10번을 서는 한적한 시골 간이역이다. 연산역은 역무원들의 노력으로 만든 역이다. 역무원들은 시골 기차역을 살리고자 기차조형물을 손수 만들고 철도 용품들도 하나둘 모아 철도체험학습장을 운영하고 있다. 전문가들의 솜씨에 비해 다소 세련미는 떨어지지만, 정성과 노력으로 놀이공원처럼 예쁘게 새 단장을 했다. 역사 내는 꽃밭을 예쁘게 꾸며놓아서 곳곳이 포토존이다. 연산역사의 박봉기둥은 이제 몇몇 시골 간이역에서만 간혹 찾아볼 수 있는 정겨운 풍경이다.

연산역에는 가장 오래된 급수탑이 있다. 오래전 증기기관차

연산역
기차문화체험관.

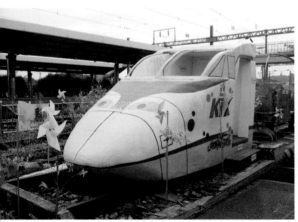

는 물과 석탄을 수시로 채웠는데 큰 물탱크를 올린 급수탑
이 물을 공급했다. 전국에 몇 개 남지 않았고 벽돌이 아닌
화강암으로 올린 것은 연산역 급수탑(등록문화재 제48호)
이 유일하다.

철도체험을 하려면 역무실(041-735-0804)에 입장료 1,000
원을 내면 된다. 급수탑 견학으로 시작하여 전호 체험, 선로
전환기 체험, 승차권 발권 체험, 종이 기차 모형 체험 등 저
렴한 입장료에 다양한 프로그램을 즐길 수 있다. 기차를 좋
아하는 아이들을 위한 한국철도의 팬서비스이다.

노을탑! 맛집탑! 탑정호

탑정호는 충청남도에서 예당호 다음으로 큰 호수이자 아름
다운 저녁노을로 유명하다. 넓은 탑정호는 노을을 볼 수 있
는 포인트가 많은데 그중에 제일 아름다운 곳이 신풍리 쪽
에서 보는 노을이다. 호수에 붉은 물감을 뿌리고 서산으로
넘어가는 저녁노을은 황홀 그 자체다. 이래서 논산을 노을
의 고장이라고 칭한다.

대둔산의 맑은 물을 담아내는 탑정호는 청성호수이다. 탑정호의 3천만여 톤의 맑은 호수에는 잉어, 쏘가리 등 다양한 담수어족들이 서식한다. 꾼들 사이에서는 탑정호 붕어의 손맛, 고기 맛을 최고로 친다. 호수 주변으로 민물매운탕 맛집들이 즐비한데 새우를 넣어 깊은 맛을 낸다. 젓갈로 유명한 강경젓갈시장에서 공수해온 젓갈이 식욕을 돋운다.

탑정호는 4개의 면에 걸쳐 있어 다양한 산책로가 있다. 그중에 경치 좋고 쉽게 접근할 수 있는 코스가 '수변데크둘레길'인데, '탑정호수변생태공원~솔섬~탑정리석탑'까지 넉넉히 왕복 1시간 반(편도 2.7km)이 소요된다. 둘레길의 시작인 탑정호수변생태공원은 연꽃 및 야생화 단지, 물억새, 관찰 보행로, 경관조명 등이 꾸며져 있고, 특히 공원 입구에 예쁜 꽃 정원과 조형물을 배경으로 사진찍기 안성맞춤이다. '힐링 수변데크산책로'라는 입간판에 들어서면 본격적인 탑정호 탐방이 시작된다. 꼬불꼬불 놓인 데크길을 따라가다 햇살이 뜨거우면 수몰된 느티나무 그림자에 잠시 멈춰 한눈에 들어오지 않은 탑정호를 둘러보자. 눈에는 온통 싱그러운 것으로 가득할 것이다. 30분쯤 걸으면 탑정호의 백미 '솔섬'이 나온다. 소나무 28그루가 동그랗게 군락을 지은 섬이다. 노을과 어우러진 모습이 너무 아름다워 '소나무 노을섬'이라고도 불린다.

명재고택.

먹을거리

❖ 고향식당

🏠 충남 논산시 연산면 고양리 127-3

☎ 041-735-0407

시골집에서 먹는 도가니탕(1인, 18,000원)이 일품이다. 연천역과 더 가깝다.

❖ 붕어마을

🏠 충남 논산시 부적면 신풍길 35

☎ 041-733-2308

시래기와 붕어 그리고 매콤한 양념이 일품이다. 1인당 15,000원으로 탑정호수변생태공원 인근에 있다.

❖ 소나무한정식

🏠 충남 논산시 논산대로 357 A동

☎ 041-735-7191

논산에 있는 한정식집이다. 맛도 맛이지만 고풍스러운 한옥 기와집과 넓은 정원이 눈에 들어온다. 석갈비정식(15,000원), 국화한정식(20,000원)을 팔고 있다.

숙소

❖ KT&G 상상마당 논산

🏠 충남 논산시 상월면 한천길 15-20

☎ 041-734-6984

• 홈페이지 : www.sangsangmadang. com

'문화예술로 즐기는 캠핑'을 모토로 샤워실, 오픈 키친, 분수대 시설과 20여 개의 사이트를 보유한 '아트캠핑빌리지'를 운영한다. 디자인샵, 카페, 독서공간, 상설체험이 가능한 '아팅라운지'가 함께하고 있는 복합문화단지이다.

❖ 명재고택

🏠 충남 논산시 노성면 교촌리 306번지

☎ 041-735-1215

조선 숙종 때 윤증선생이 지은 조선 양반 주택으로 국가민속문화재 제190호이다. 한옥의 멋을 살리고, 과학적이고 실용적인 설계로 전통한옥 건축사에도 큰 의미가 있는 전통가옥이다. 솟을대문과 높은 담장이 없어 누구나 쉽게 사랑채로 들어올 수 있는 열린 구조이다. 현재 후손들이 한옥 스테이를 운영 중이다. 큰사랑채(4인, 조식 포함, 200,000원)와 초가방(10명, 조리 시설, 200,000원)등 7채가 있고, 다례, 천연염색체험이 열린다.

볼거리

❖ 강경근대거리

🏠 충남 논산시 강경읍 중앙리 53-7

조선 후기 젓갈시장으로 유명한 강경은 대구, 평양과 함께 조선 3대 시장이었다. 근대 당시의 역사를 간직한 건물들이 많다.

❖ 돈암서원

🏠 충남 논산시 연산면 임3길 26-14

☎ 041-733-9978

고종의 서원철폐령에도 살아남은 서원이다. 깊은 예학의 역사를 가진 서원으로 유네스코 세계유산 등재에 도전 중이다. 연산역과 도보로 30분 거리(2.3km)이다.

교통편

❖ 기차로 연산역(인근)을 둘러보는 경우

용산역 기준으로 연산역은 무궁화호로 2시간 반이 소요된다. 오전 9시 전후 기차를 타고, 오후 12시에 도착해 둘러보고, 오후 5시경에 막차를 타고 올라오면 좋다.

❖ 연산역(인근)과 탑정호수변생태공원을 둘러보는 경우

연산역에서 도보로 30분 정도(2.3km) 이동해 돈암서원 → 돈암서원에서 택시로 약 9분(9,000원) 이동해 탑정호수변생태공원 → 탑정호수변생태공원에서 307번 버스로 이동해 논산역에 도착한다(직통 KTX가 있고, 무궁화호의 막차는 21시 전후이다).

오지성 ★★★☆☆ **난이도** ★★★☆☆

가끔 자동차마저 남겨두고 홀로 떠나고 싶을 때가 있다.
청소역은 고향의 오랜 친구처럼 따스하게 맞이해준다.
보령의 작은 간이역으로 두 손 가볍게 떠나 마음 가득 행복을 채워오자.

장항선 청소역에 핀 가을 코스모스.

고향 친구 같은 간이역 **보령**
청소역

정겨운 소경의 장항선

장항선은 일제 강점기에 사기업 조선경남철도주식회사에 의하여 충남선이란 이름으로 천안~온양온천에 첫 개통했다. 지금은 천안~익산까지 연결되어 충청남도 서남과 전라북도 서북을 이어준다. 장항선은 단선(상·하 1선)으로 운행되는 한적한 지선 철도이다. 장항선 열차에는 유독 보따리 짐을 진 노인 승객들이 많다. 장항선을 따라 간식거리 많은 온양온천시장, 새우젓갈로 광천시장, 해산물이 가득한 보령시장 등 대규모의 전통시장이 있어 보따리상이 장항선을 많이 이용한다. 또한, 노인분들이 많이 타는 구간이라 장항선 열차승무원들은 다른 곳보다 열차 문도 한 박자 여유를 두고 닫는다고 귀띔해 준다. 장항선 기차여행은 정감 있고 한 템포 느린 여행이다. 장항선 인근의 재래시장에 들러 요깃거리와 볼거리를 즐기고 다시 기차에 오르는 것도 장항선 여행의 묘미이다.

장항선에서 가장 오래된 역, 청소역

의외로 청소역은 서울에서 가깝다. 서울역에서 무궁화호를 타고 2시간 30분이면 갈 수 있다. 기차는 상하 8편이 정차해서 시간만 잘 조절하면 수도권에서 반나절 여행지로 적당하다. 대전은 차량이나 시외버스를 이용하는 것이 낫고, 전북은 익산 등에서 장항선을 타고 올라오면 된다. 청소역은 광천역과 대천역 사이인 보령시 청소면에 위치 한다. 청소는 푸를 청(靑), 곳 소(所)를 쓰며 푸름을 간직한 곳이란 뜻이다.

청소역은 하루에 20명 남짓 이용하며 역무원도 없는 작은 역이다. 요즘 기차표는 대부분 스마트폰으로 예약하지만, 역에서 표를 구매하려면 일단 열차를 타고 열차 안에서 열차 승무원에게 직접 표를 끊어야 한다.

1961년에 지금의 역을 신축했는데 역장실도 없는 역무실과 2~3평 되는 대합실로 단출하게 지었다. 당시 지은 역들은 다들 비슷한 모습인데 역의 규모에 따라 설계표준이 있었기 때문이다. 청소역은 건축 당시 원형을 잘 보존하고 있어 근대 문화유산(제305호)으로 지정받았다. 역 건물 자체만으로 충분한 볼거리다. 장항선 청소역 구간은 단선이고 역내에 정차할 수 있는 3개의 선로가 있다. 기차는 청소역을 향해 서로

청소역의 단출한 모습은 고향 친구처럼 편안한 느낌이다.

마주 보며 달려오다가 역에서 각각의 선로에 정차(교행) 한다. 요즘은 대부분 복선이라 이런 교행은 얼마 남지 않은 풍경이다.

청소역은 푸근한 모습 때문에 많은 드라마와 영화의 배경이 되었다. 배우 송강호가 출연한 영화 <택시운전사>도 이곳에서 촬영했다. 청소역 곳곳에는 <택시운전사>를 모티브로 하여 다양한 포토존이 설치되어 있다. 조용한 곳에서 머리를 식히고 싶을 때 부담 없이 다녀오기에 좋은 역이다. 마치 고향의 친구처럼 청소역은 따스하게 반겨준다. 현재 장항선은 수송량을 늘리기 위해 전철 복선화 공사가 한창이다. 2차 구간이 완성되는 2022~23년쯤이면 청소역은 영업이 중단된다. 얼마 남지 않은 시간이기에 청소역은 더욱 아련하다.

보령 충청수영성.

여행 정보

숙소

❖ 오서산자연휴양림

🏠 충남 보령시 청라면 오서산길 524
　봉곡사

☎ 041-936-5465

• **홈페이지** : www.foresttrip.go.kr

청소역에서 차로 20분(12km) 떨어진 명대계곡에 위치한다. 오서산(791m)은 충남 서부 지역의 대표적 명산으로 계곡이 깊고 수량이 풍부하며 경관이 수려하기로 유명하다. 오서산 정상(왕복 2시간 반)에 오르면 운치 있는 서해가 눈에 들어온다. 오서산에서 본 서해의 노을은 아름답기로 유명하다. 휴양림에는 펜션(26동), 야영데크(8동) 등이 있고, 국립휴양림인 만큼 시설이 깔끔하다.

볼거리

❖ 보령 충청수영성

🏠 충남 보령시 오천면 소성리 661-1

청소역에서 차로 11분(8km) 거리이다. 버스(711번)가 1일 3회만 운행하여 택시가 편하다. 충청수영성은 조선 초기 건설된 성으로 옛 건물들이 온전하게 보전된 몇 안 되는 유적지다. 내부에는 조선 최고의 정자 중에 하나로 뽑힌 '영보정'과 빈민구제를 담당했던 '진휼청' 가옥 등 역사 깊은 건물들이 있다. 하지만 무엇보다 성곽을 둘러보며 내려 본 오천항의 수려한 풍경은 한 편의 영화를 보는 듯하다.

먹을거리

❖ 풍정돌솥밥

🏠 충남 보령시 청소면 청소큰길 186

☎ 041-934-0909

청소역 인근에 있는 돌솥밥집이다. 서해의 신선한 바다 식재료와 충청도의 손맛이 어우러져 한 상 푸짐하게 나온다.

❖ 우리횟집

🏠 충남 보령시 오천면 오천해안로 782-12

☎ 041-932-4055

충청수영성(오천항) 인근의 횟집이다. 간재미무침(30,000원)이 주메뉴이고, 매운탕과 회덮밥도 인기다.

❖ 오양손칼국수

🏠 충남 보령시 오천면 소성안길 55

☎ 041-932-4110

충청수영성(오천항) 인근의 유명한 칼국수집이다. 비빔국수, 바지락칼국수, 보리밥이 한 메뉴로 8,000원이다. 맛도 있지만 무한리필이라 시장하다면 꼭 한번 들려보기 바란다.

목계솔밭의 100년 된 나무는 가장 어린 나무일 것이다.
수령이 무려 100~200년의 소나무들이 80여 그루가 있으니 말이다.
소나무가 모여 군락을 이룬 목계솔밭에서 그늘을 만끽해 보자.

무료로 캠핑을 즐길 수 있는 목계솔밭.

무료 캠핑장의 수준을 뛰어넘는 **충주**
목계솔밭

충주시민이 사랑하는 유원지, 목계솔밭

목계솔밭은 전통적으로 충주지역 사람들의 유원지 역할을 하던 곳이었다. 바로 앞에 마성천이 흐르고, 솔밭 앞에는 잔디밭이 있어 그야말로 잠시 나들이하기 좋은 장소였다. 최근 이곳이 입소문을 타면서 '차박 성지'로 알려지기 시작했다. 전국의 차박 성지에서 빠지지 않고 소개되는 인기있는 캠핑지이다. 개수대와 수세식 화장실도 갖추고 있고 게다가 드넓은 잔디밭이 모두 무료여서 전국의 수많은 사람들이 잠시 차박을 즐기러 오는 장소이기도 하다. 간이매점도 있어 간단한 식료품도 구입할 수 있다.

개수대 앞에는 안내문이 있다. 충주 시민이 만들어 놓은 안내판인데 직접 분리수거장을 설치했다는 내용이다. 글귀는 다음과 같다. '안녕하세요. 저는 도현이, 주안이 아빠입니다. 쓰레기 분리수거장을 직접 설치하였습니다. 깨끗이 사용해 주세요.'라는 내용의 표지판이 있고 그 옆쪽에 쓰레기를 버리는 곳이 있다. 그리고 그 바로 앞에는 개수대 공간이 마련돼 있다. 무료 야영장인데 이렇게 설거지를 할 수 있는 공간이 있을 거라고는 생각 못 한 방문객이라면 아마 깜짝 놀랄 것이다. 일반 유료야영장과 다름없는 모습이다.

화장실 앞에는 빨간색 소화기를 판다는 빨간색 현수막이 보이는데 이곳이 목계 대장이라는 사람이 운영하는 노지 매점이다. 인사를 하면 아메리카노를 무료로 준다고 한다. 밝게 인사해서 기분 나쁠 사람 없으니 꼭 아메리카노가 아니더라도 마주치면 밝게 인사를 권해보자. 그곳은 장작과 다양한 물품을 판매한다. 특이한 것은 캠핑카나 카라반들이 굉장

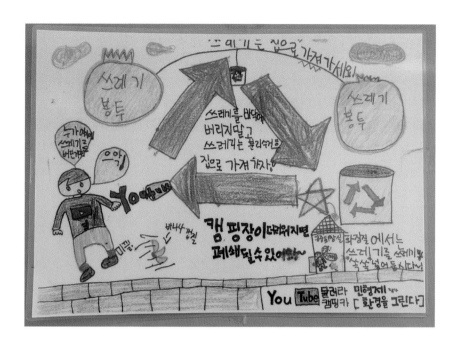

히 많이 세워져 있었다는 점이다. 가끔 주변 남한강 수위가
올라가면 폐쇄되는 경우가 있어 주의가 요구된다.

충주아트팩토리

기왕 충주를 들렀다면 충주아트팩토리도 들를 만하다. 충주
아트팩토리는 산업시대의 폐품을 활용한 테마파크이다. 기
계시대의 도구, 기계의 원리와 역할을 이해하고, 직접 만지
고, 만들고, 느끼는 오감체험을 할 수 있는 충주의 대표 관
광지다. 오대호 작가의 작품 제작과정을 감상할 수 있으며,
새로운 작품과 체험교구, 기념품을 직접 생산하며 미래의
예술 인재를 고용, 양성하는 장소라고 할 수 있다.

이동쉼터매점
010-4595-1610

농협 허갑순
351-0971-3631-13

장작   8000
참숯   5000
가스 길쭉이   2000
둥글이   3000

종량제 봉투 20ℓ 1000
            50ℓ 2000
생수 大 1500 小 1000
음료 大 1500 小 1000
즉석밥
            2000

각얼음   5000

음식쓰레기봉투
판매

여행 정보

❖ 오대호충주아트팩토리
🏠 충북 충주시 앙성면 가곡로 1434
☎ 043-844-0741
· **홈페이지** : 5factory.kr
매주 월요일 휴관, 입장료는 성인·어린이 5,000원.

❖ 목계솔밭
🏠 충북 충주시 중앙탑면 장천리 412-2

먹을거리

❖ 대우분식
🏠 충북 충주시 중의동 231
☎ 043-854-6848
강원도의 지역전통음식인 감자만두를 파는 집이다. 밀가루가 아닌 감자전분을 만두피로 사용해 투명하고 쫄깃하다. 내부가 협소하여 포장 손님이 많다. 감자만두 4,000원.

❖ 복서울해장국
🏠 충북 충주시 관아1길 16
☎ 043-842-0135
30년 동안 충주 맛집으로 손꼽힌 식당이다. 대표메뉴는 선지해장국으로 선지와 배추우거지를 아낌없이 넣고, 고춧가루가 아닌 된장으로 간을 맞췄다. 선지해장국은 7,000원, 뼈다귀·올갱이해장국은 8,000원이며, 매일 새벽 5시부터 오후 2시까지 영업한다.

볼거리

❖ 탄금대
🏠 충북 충주시 탄금대안길 105
☎ 043-848-2246
임진왜란 때 신립장군이 고군분투했던 곳이다. 대흥사까지 가는 숲길은 기분 좋은 피톤치드가 강바람을 타고 몸을 적셔준다.

작지만 알찬 매점도 있다.

신선한 해산물이 가득한 태안의 해안은 경사가 완만하고 넓은 백사장과
울창한 송림으로 풍광이 뛰어나다. 멋진 풍경 이외에도 해변 산책로, 갯벌체험장,
오토 캠핑장 등이 잘 정리되어 다양한 여행의 재미를 두루 맛볼 수 있다.

파란 하늘과 붉은 노을이 어우러진 몽산포갯벌.

모래갯벌에 웃고, 해변길에 감동하는 **태안**

몽산포해수욕장

바다 생태계의 보고, 몽산포해수욕장

남북으로 펼쳐 있는 170km 길이의 태안 해변은 227종의
식물과 427종의 동물의 삶의 터전이기도 하다. 광활하게 펼
쳐진 모래언덕과 바다 생태계의 보고 갯벌의 가치를 인정받
아, 국내 최초로 해안 자체가 국립공원으로 지정되었다. 충
남 태안은 신선한 해산물로 가득한 서해를 끼고 있는 곳으
로, 수도권과도 가까워 전통적인 관광지로 사랑받아온 곳
이다. 각각의 특색이 있는 해수욕장들이 줄지어 있어 주말
나들이에도 좋은 곳이다. 태안의 해안은 경사가 완만하고
바닷물이 깨끗해 해수욕을 즐기기 좋다.

몽산포해수욕장
조개잡이.

서울에서 두 시간 남짓 서해안고속도로를 따라 달리면 몽산포해수욕장을 만날 수 있다. 끝이 보이지 않는 해안선이 벌써 도시에서 벗어났음을 알려준다. 아름다운 몽산포는 태안8경에 속할 정도로 경치가 좋고 태안해안국립공원에 속해있다. 해수욕을 할 만큼 모래의 질도 좋다. 보라카이만큼 모래알이 부드러워 아이들은 안심하고 모래를 밟으며 물장난도 칠 수 있다. 아이들이 특히나 좋아하는 이유는 모래를 한참 파다 보면 조개를 주울 수 있기 때문이다. 차지고 단단한 모래 바닥 곳곳에 맛조개와 대합 등이 숨어 있어 미리 준비해 둔 삽이나 호미로 파다 보면 맛난 조개를 운 좋게 잡을 수도 있으니 이보다 신나는 일이 없다. 긴 해안선만큼이나 오토캠핑장은 공간도 넉넉하고 솔밭이 아름답게 펼쳐있어 조용한 캠핑공간을 찾는 사람에게 추천한다. 서쪽으로 1km가량 뻗은 큰 해송터널을 지나가다 보면 몽대포구가 있다. 방파제에서 낚시도 가능하고 몽대포구 인근 횟집에서 저렴한 가격으로 싱싱한 회를 즐길 수 있다.

해변 캠핑데크.

발은 백사장을, 마음은 바다 위를 걷는다

굽이굽이 태안의 해안을 따라 아름다운 풍경과 풍성한 해안생태계를 느낄 수 있는 해변길 7코스가 있다. 그중에 4코스는 몽산포해수욕장에서 드르니항까지 이르는 태안해변길(13km, 4시간)이다. 모래언덕 위에 펼쳐진 소나무길을 걸으며, 향긋한 솔 내음과 속 시원한 바다 내음을 번갈아 마시며 산책을 즐길 수 있다. 특히 도심에서는 흔히 볼 수 없는 염전을 볼 수 있다. 종착지인 드르니항은 다양한 해산물을 저렴하게 즐길 수 있어 오감이 만족스러운 코스이다. 만약 때마침 일몰이라도 본다면 평생 잊지 못할 추억으로 남을 것이다.

몽산포탐방안내센터에서 안내 리플릿과 여행 정보를 얻고 '안내센터~자연관찰로~습지~별주부전망대~경주식물원~염전~드르니항'순으로 둘러보면 된다.

태안해변길 산책로.

먹을거리

❖ 왕서방 중화요리

🏠 충남 태안군 남면 남면로 88

☎ 041-672-4489

30년째 운영 중이라지만, 식당을 둘러보면 50년은 더 된 듯 허름하다. 탕수육(중, 20,000원), 간짜장(6,000원), 짬뽕(6,000원)을 많이 찾는다. 방송과 SNS 등에서 나름 입소문을 탄 집치고 아주 특별한 맛은 없지만, 오래전 집 전화로 시켜먹던 중국집 맛을 느낄 수 있다.

❖ 골목식당

🏠 충남 태안군 남면 남면로 86-5

☎ 041-675-3248

현지인들이 자주 찾는 식당이다. 미나리와 콩나물을 팍팍 넣은 아구탕(50,000원)과 얼큰하고 고소한 곱창찌개(중, 25,000원), 칼국수(7,000)가 대표메뉴이다.

숙소

❖ 몽산포오토캠핑장(1구역)

🏠 충남 태안군 남면 신장리 353-153

☎ 010-5408-6868

기다란 해변을 가진 몽산포에는 캠핑장이 많은데, 그중 1, 2구역을 많이들 찾는다. 해안가 쪽에 있어 오션뷰는 물론 멋진 석양까지 볼 수 있다. 좋은 자리는 1~10번 자리로 1달 전에 미리 예약을 해야 한다. 사이트 주변도 잘 정리되어있고, 샤워장과 세면대 등 편의시설도 잘 갖췄다. 입장료는 1사이트(4인)당 1박에 40,000원이다.

볼거리

❖ 팜카밀레허브농원

🏠 충남 태안군 남면 우운길 56-19

☎ 041-675-3636

100여 종의 허브와 500여 종의 야생화를 만날 수 있는 태안의 대표 허브공원이다. 다양한 테마로 꾸며진 정원이 가득해 젊은이들 사이에선 '스몰 웨딩지'로도 각광받고 있는 곳이라 한다.

❖ 태안해변길4코스 솔모랫길(몽산포~드르니항)

🏠 충남 태안군 남면 원청리 566-1

☎ 041-674-2608(남면분소)

주요지점은 '몽산포탐방안내센터~메밀밭~별주부마을자라바위~염전~드르니항'이다. 총 16km로 4시간(편도)이 소요되고, 돌아올 때는 농어촌버스를 타면 된다.

❖ 달산포해수욕장

🏠 충남 태안군 남면 달산리 1211-10

몽산포해수욕장 남쪽에 위치한 해안이다. 몽산포처럼 경사가 완만하여 안전한 물놀이와 조개 채취 등을 즐길 수 있다. 몽산포캠핑장 예약이 여의치 않으면, 달산포비치캠핑장과 청포대오토캠핑장도 알아보자.

❖ 조개 채취 시간을 보는 법

검색포털에서 '바다타임'을 검색 → 우측상단 지역검색란에 몽산포(목적지) 검색 → 물때표에서 간조시간(하루 2번) 전후 2시간이 조개를 채취할 수 있는 시간이다.

남당항은 큰 방파제가 있어 가족 단위 여행객들이 안전하게 낚시와 차박을 즐길 수 있다.
서해 노을과 평행하게 걷는 해변 산책로, 석양을 배경으로 멋진 인증샷을 남길 수 있는
바다전망대는 남당항 여행이 오래 기억되는 이유이다.

남당항 방파제에서 노을을 향해 캐스팅 하는 낚시인.

낙조가 아름다운 서해 차박의 성지 **홍성
남당항**

서해의 미항, 남당항

천수만은 충청남도 서산 아래쪽으로 길게 뻗은 만이다. 수
심이 얕아, 얕다는 뜻의 천(淺)자를 써서 천수만이라 불
린다. 얕은 바다이지만 길이는 40km에 해안선 둘레는
200km나 된다. 바다는 깊지 않지만, 대하, 꽃게, 조개, 넙치
등 천수만은 해산물이 풍족하여 여행객들의 식욕을 돋운
다. 입만 즐거운 게 아니다. 굽이 굽은 해안도로와 끝이 보이
지 않은 시원한 간척지는 드라이브 코스로도 제격이다. 서
해안의 아름다운 낙조 하늘을 수영하듯 헤쳐나가는 아름다
운 철새들은 쉽게 볼 수 없는 진풍경이다.

트렁크를 열면
낙조가 자동차로
들어온다.

천수만 오른쪽이 바로 남당항이다. 남당항은 천수만 너머 안면도를 마주 보고 있으며 대나무로 유명한 죽도로 들어가는 선착장이 있다. 천수만의 싱싱한 해산물은 남당항 수산시장에서 모인다. 특히 새조개가 별미인데 겨울철이 제철이고 새조개 축제도 이때 열린다. 그보다 이른 가을에는 대하가 살이 올라 담백하고 식감이 쫄깃하다. 사실 좋은 횟감이란 고기 자체도 중요하지만, 횟집 수족관에 맑은 바닷물을 자주 순환시켜 고기의 신선도를 유지하는 것이 중요하다. 남당항 수산시장은 바다 인근에 있어서 좋은 컨디션의 고기와 횟감을 즐길 수 있다. 마음먹고 남당항에 왔다면, 신선한 회 한 접시 먹는 것을 잊지 말자.

남당항에서 식사를 즐겼다면 해안길 드라이브를 떠나보자. 홍성 8경 중의 하나인 궁리항까지 7km(14분)의 해변도로가 특히 경치가 좋다. 궁리항 아래쪽에는 천수만 낙조를 제대로 즐길 수 있는 속동전망대가 있다. 속동전망대 둘레길과 뱃머리를 형상화한 포토존이 유명하다. 시간이 된다면

남당항 인근
바다전망대.

간월호 철새탐조대가 있는 서산A시구 방소제를 지나 산월도를 경유해서 안면도 꽃지해수욕장을 둘러보는 것도 괜찮다. 거리는 편도 40km(40분)정도이다. 남당항에서 걸어서 10분 정도 거리에도 작은 바다전망대가 있다. 백사장을 걸으며 부담 없이 갈 수 있는 곳이다. 속동전망대보다는 사람들이 몰리지 않아 조용하게 낙조를 즐기기 좋다.

차박의 성지, 남당항

남당항방파제는 낚싯바늘처럼 기다란 곡선을 그리면서 남당항을 둘러싼다. 방파제 끝단에는 바늘 끝처럼 홍성 등대가 솟아 있다. 남당항방파제는 철골로 만든 12m 높이의 흰색철탑등대로, 속이 훤히 들여다보이는 게 특징이다. 천수만에 어둠이 내리면 6초마다 녹색 불빛을 반짝이며 파수꾼 역할을 한다. 붉은 노을과 녹색 등대 빛은 오묘한 매력이 있다. 방파제 중간쯤에 차박을 할 수 있는 커다란 주차공간이 있다. 바로 인근에는 깔끔하고 큰 화장실도 있다. 차를 주차하면 1.5m 높이의 작은 방파제가 있고 그 너머 낚시를 할 수 있는 널찍한 공간이 나온다. 위험한 테트라포드나 높은 방파제가 아니라서 아이들과 함께해도 안전하다. 남당항 수산시장 옆에 공용주차장에서도 가능하다. 장점은 방파제 차박지보다 훨씬 크고 주변에 편의점이나 상점들이 많다. 이외에도 남당항 해변도로 주변에는 스텔스차박(차 안에서 먹고자는 것을 모두 해결하는 차박)할 곳이 지천으로 널려있다.

차박을 하기에
충분한 공간이다.

기본 정보

❖ 남당항 방파제

🏠 충남 홍성군 서부면
   남당항로213번길 25-60

찾는 이들이 늘어 지자체에서 통제 한다고 한다. 만약 이용이 불가하면 수산시장 옆 공용주차장을 이용하자.

❖ 남당항 공용주차장

🏠 충남 홍성군 남당항로 213번길 1-1

먹을거리

❖ 큰마을영양굴밥

🏠 충남 서산시 부석면 간월도1길 65
☎ 041-662-2706

간월도에 있는 굴밥집이다. 간월도에서 나는 씨알 좋은 굴을 동네 어민들이 직접 잡아 깨끗이 손질해서 내놓는다. 굴밥을 주문하면 인심 좋은 사장님이 굴을 잔뜩 넣어주신다. 유명맛집이라 사람이 많으니 한적한 시간대에 찾는 게 좋다. 영양굴밥 14,000원, 굴파전 12,000원.

❖ 아영이네 수산

🏠 충남 홍성군 서부면 남당항로 617
☎ 041-634-2700

남당항에서 8분 거리의 조용한 바닷가에 있는 허름한 식당이다. 새조개 샤부샤부를 시키면 서해에서 나는 해산물은 다 맛볼 수 있는 듯하다. 채소 가득한 육수에서 건진 새조개는 쫄깃한 식감이 일품이다. 한국인의 밥상에도 출연한 맛집이다. 굴칼국수 10,000원, 새조개 샤부샤부 1kg(2인분) 70,000원.

볼거리

❖ 용봉산

🏠 충남 홍성군 홍북읍 용봉산2길 87
☎ 041-630-1785(용봉산 안내소)

적당한 높이(해발 381m)에 산세가 험하지 않고, 수려한 자연경관으로 부담 없이 가볼 만한 곳이다. 바위산이라 병풍바위, 장군바위 등 전설을 간직한 기암괴석이 많아 '제2의 금강산'이라 불린다.

❖ 한용운선생생가지

🏠 충남 홍성군 결성면 만해로318번길 83
☎ 041-642-6716(시설관리소)

민족시인 한용운 선생의 생가이다. 많은 생가와 함께 민족시비공원을 조성했다. 큰 볼거리는 없지만, 아이들과 함께 만해의 시를 읊으며 시인의 생애를 돌아보는 것도 교육상 의미 있는 여행이다.

차박도 캠핑도 무료! 일상에서 벗어나 여유를 즐기고 싶다면 지금 당장 도깨비가
뚝딱 만들어놓은 듯한 단양 도깨비마을로 떠나보자.

수심이 깊지 않아 아이들 물놀이 하기에도 안심이다.

계곡 자릿세 없는 **단양**
도깨비마을

재미있는 도깨비
장승이 사람들을
가장 먼저 반긴다.

계곡 자릿세가 왜 있나요?
이곳은 단양 도깨비마을

매년 여름 성수기마다 계곡 옆 자릿세 바가지에 관한 뉴스
들이 심심찮게 들려온다. 하지만 이에 해당하지 않는 곳이
한 군데 있다. 바로 충북 단양의 도깨비마을이다. 단양군 대
강면 방곡리 도깨비 마을 사람들은 "여기 오면 서늘한 계곡
옆자리도 다 공짜여."라고 말한다. 마을 주민들에게 계곡
자릿세 징수란 양심적으로 가능한 일이 아니기 때문이다.
월악산국립공원과 소백산국립공원의 높은 봉우리 사이에

자리잡은 방곡리는 예로부터 산세가 험하고, 길거리에 차조차 구경할 수 없는 아주 조용한 마을이다. 사람들의 출입이 흔치 않은 동네인 것이다.

도깨비도 쉬어가는 마을

해발 400m 마을 어귀엔 무시무시하기보다는 친근한 모습의 도깨비 장승이 떡하니 서 있다. 여느 동네의 '천하대장군'이 아니라 도깨비 장승이 서 있는 것이다. 마을이 너무도 조용하여 차분히 쉬어가고 싶은 사람들에게는 이만한 곳이 없다.

너와 지붕 밑 캠핑, 그리고 계곡에서 물놀이 여름 더위를 날리는 데 이만한 게 있을까?

마을을 가로질러 내려가는 계곡 옆 무료 캠핑장에는 한여름 성수기임에도 불구하고 빈자리가 있었다. 텐트를 가져온 야영객들은 일찌감치 너와 지붕 아래 자리를 잡았다. 시원

지붕 아래 캠핑은
에어컨 있는
실내와 견주어봐도
손색이 없다.

한 그늘 밑 텐트 캠핑, 이곳이 바로 천국이다. 아이들은 캠핑장 바로 아래 계곡에서 물놀이하느라 시간 가는 줄 모른다. 입술이 시퍼레져도 물에서 나올 생각조차 하지 않는다.

마을 주민들과 함께하는
나만의 도자기 만들기 체험

물놀이로 몸이 즐거웠다면 이번에는 폐교를 리모델링한 도자기 체험장으로 향하여 정신과 마음이 즐거울 차례이다. 마을 주민들이 가르쳐주는 도자기 체험은 신기하기만 하다. 가래떡처럼 탱탱한 점토를 가느다란 실로 끊어내고 본인이 만들고 싶은 도자기를 빚어내면 된다. 처음부터 쉬운 일은 없다. 하지만 선생님의 지도 아래 차근차근 따라 하다 보니 어느새 귀여운 머그잔이 완성되었다. 조금 더 어려운 걸 해보고 싶은 사람들은 영화 <고스트>의 주인공처럼 빙글빙글 돌아가는 판 위에 고령토를 놓고 빚어내 보자. 동그랗고 예쁜 도자기가 만들어질 것이다.

단양 여행 기념품으로
나만의 도자기를 손수
빚어 보자.

주변 가볼 만한 곳

수직 적벽으로 유명한 단양 사인암이 가볼 만하다. 하지만 단양 사인암은 구경만 하길 권한다. 그 유명세 탓에 이미 야영족들이 몰려들어 입추의 여지가 없기 때문이다. 주차공간을 가까스로 구했다 하더라도 차를 빼고 넣으려면 스트레스다. 이웃 마을인 사동계곡은 물놀이에 최적의 장소이기도 하다. 사동계곡은 마을에서 관리하는 유원지로 차박도 가능하다. 어린이용 풀장과 나무 그늘이 짙은 야영장이 계곡 바로 옆에 있다.

여행 정보

즐길 거리

도깨비마을의 계곡은 물놀이하기에 최적의 장소다. 그리고 폐교를 개조한 도자기 체험장은 어린이를 동반한 가족들이 함께 체험하기에 적합하다. 폐교 앞에는 아름다운 나리꽃이 핀다.

먹을거리

❖ **다미옥**

🏠 충북 단양군 대강면 온천로 820

☎ 043-422-9396

사인암과 사동계곡 등을 여행할 때 꼭 찾아보기를 권하는 음식점이다. 20년

가까이 주인이 직접 기른 콩으로 두부를 만들어 두부전골을 내놓는다. 국물은 칼칼하고 두부는 단단하다. 한참을 끓여도 흐트러지지 않는 특징이 있다. 함께 내오는 반찬도 빼놓을 것이 없이 맛이 깔끔하다. 반찬은 대부분 주인이 직접 기른 농산물이다. 반찬 가운데 무침, 볶음 등에는 반드시 들기름이 들어간다. 시간이 오래 걸리는 오리백숙이나 오리불고기는 예약이 필수다.

오지성 ★★★☆☆ **난이도** ★★★☆☆

깊은 골짜기에서 흘러오는 맑은 물, 상쾌한 공기가 가득한 이곳.
다리안계곡과 천동계곡에서 즐기는 자연 속의 캠핑.
색 다른 느낌의 캠핑을 원한다면 떠나보자.

다리를 건너면 정말 고즈넉한 야영지가 나온다.

뭔가 다른 느낌을 주는 **단양**
다리안계곡과 천동계곡

다리안계곡 내의
야영장.

자연 내음이 가득한
다리안계곡에서 즐기는 캠핑

다리 안쪽에 있다는 뜻을 가진 충청북도 단양의 다리안계곡
의 입구는 구름다리이다. 다리를 통해 가는 느낌이 마치 세
상과 유리된 느낌을 준다.

다리안계곡 캠핑장은 소백산 깊은 계곡에서 흘러나오는 깨
끗한 물줄기가 다리안관광지를 휘돌아 흐르는 곳에 있어 풍
광이 좋다. 깊은 골짜기에서 배어 나오는 상쾌한 공기는 다
리안계곡을 찾는 캠퍼들의 마음을 상쾌하게 한다.

여기 다리안폭포의 시원한 물줄기와 수정같이 맑은 물은 여
름 더위에 지친 사람들에게 활력을 준다. 계곡물도 좋고 캠

핑장 중간중간 원두막이 30여 개가 있는 멋진 곳이지만, 안타깝게도 오토캠핑이 불가능해 100m 이상 직접 짐을 날라야 하는 단점이 있다.

계곡을 따라 서 있는 운치 있는 원두막은 별도 이용료 22,000원(1박)을 내면 사용이 가능하다. 리빙쉘 텐트도 올릴 수 있을 만큼 큰 6×4m 넓이의 대형 데크가 설치되어 있어 캠퍼들을 배려한 것이 돋보인다. 동계 캠핑도 가능하나 이용자가 많지는 않다.

화장실, 개수대 등의 편의시설이 잘 되어 있고 골프연습장, 물놀이장 등 다양한 부대시설도 잘 갖춰져 있다. 다리안계곡 캠핑장 주위에는 천동계곡과 단양의 명소인 3대 동굴, 그리고 도담삼봉을 비롯한 단양 팔경이 몰려 있어 캠핑과 관광을 동시에 즐길 수 있는 곳이다.

단연 멋진 곳은 다리안 관광지 내의 산막이다.

맑은 물이 흐르는 천동계곡

충북 단양 읍내에서 고수대교를 건너 6km를 들어가면 천동의 국민 관광지를 만날 수 있다. 계곡은 소백산 깊은 골짜기에서 내려온 맑은 물이 자랑인 곳이다. 특히 이곳은 원두막, 자동차야영장, 취사장, 수영장, 골프장 등의 시설을 갖춘 종합 관광단지라고 할 수 있다.

한적한 곳에 자리잡은 야영장은 조용하지만 화장실과 취사장 이외에는 편의시설이 없어 불편함이 따른다. 그리고 비교적 작은 야영장이기 때문에 80동 모두를 수용할 수는 없다.

여행 정보

기본 정보

비록 물품 수가 적지만 계곡 앞에 작은 매점이 있다. 약 8.7km거리의 단양읍 소재지에 단양농협 하나로마트(043-421-5959)를 사용하는 편이 편하다. 계곡물이 흐르는 캠핑장에 원두막도 있다. 정자 이용료는 별도다.

즐길 거리

❖ 다리안계곡은 물놀이 천국이다. 계곡 관광지 내에 360m 가량의 황톳길이 있어 맨발로 걷기에 적합하다. 천동계곡은 다소 아래쪽에 위치해 물놀이에 어려움이 조금 있다.

❖ 근처에 있는 천동계곡을 산책 삼아 걸어보자. 단양의 대표 볼거리인 단양팔경도 둘러보면 좋다. 특히 도담삼봉, 석문, 구담봉, 옥순봉, 사인암과 고수동굴은 필수 코스다. 고수동굴은 동굴의 신비를 볼 수 있어 인기 있는 관광지다.

먹을거리

단양의 특산품은 마늘과 쏘가리, 더덕 등이다. 단양읍 소재지에는 마늘 솥밥과 마늘 정식으로 유명한 식당이 있으며 충주호가 있어 민물 요리도 발달했다. 특히 단단한 살집을 가지고 있는 쏘가리탕과 쏘가리회도 아주 맛있다. 이외에도 송어회와 메기, 동자개 등의 민물 매운탕 요리가 맛있다. 단양의 더덕구이도 맛있기로 유명하다.

숙소

❖ **다리안국민관광지 야영장**
🏠 충북 단양군 단양읍 천동4길 8 신사랑민박
☎ 043-422-6710
• **홈페이지** : dariancamp.dtmc.or.kr
• **입장료** : 1,000원
• **이용료** : 35,000원 부터

오지성 ★★★★☆ **난이도** ★★★☆☆

한적한 경치의 황간역, 달도 머물다 가는 월류봉, 더위를 피할 민주지산.
영동은 한가로움이 느껴지는 곳이다.
풍성한 볼거리와 여유를 제공하는 영동으로 떠나보자.

달이 머물다 가는 월류봉.

꿈과 희망이 넘치는 레인보우 영동
황간역과 월류봉과
민주지산

황간역 2층 카페.
지역주민들이
철도소품을 활용해
카페를 아기자기하게
꾸며놓았다.

황간의 한적함을 즐기러 가는 길

서울~부산 경부선 중에 가장 한적한 곳이 충청북도 영동군
이다. 영동은 금강을 끼고 있어 어죽, 도리뱅뱅, 올갱이국 같
은 민물 음식이 발달하였고 인근에 축산농가가 있어 고기맛
도 일품이다. 영동군에 있는 황간역은 조용하고 풍광도 좋다.
수도권 기준으로 당일 기차여행을 할 때는 KTX로 대전까
지 왔다가 무궁화호로 환승하여 영동역(민주지산), 황간역
(월류봉)으로 가는 걸 추천한다. 이때 환승 시간(15~20분)을
잘 이용하여 대전역 안에 있는 성심당의 튀김소보로를 먹는
것도 기차여행만의 쏠쏠한 재미다.

월류봉과 초강천이 만들어내는
환상적인 경치

황간역 외부에는 아름다운 글귀가 새겨진 도자기가 곳곳에
놓여있고, 역사 안의 작은 갤러리 역시 잘 조성되어 있어 비
록 작은 역이지만 서울역보다도 볼거리가 많은 듯하다. 지역
주민이 운영하는 옥상 2층 카페에 올라가 황간역사와 황간
시내를 내려다보며 구수한 차를 즐길 수 있다.

점심은 역전 올갱이집(원조동해식당)을 추천한다. 올갱이는 서울말로 다슬기이다. 올갱이국으로 든든하게 배를 채운 뒤 월류봉에 올라가 보자.

황간역에서는 여행 편의를 위해 자전거를 무료로 빌려준다. 월류봉과는 편도 20분(2.5km) 거리이다. 월류봉의 굽은 강 길에 병풍같이 솟은 절벽은 마치 무릉도원에 들어온 듯하다. 월류봉은 바로 앞에 초강천을 끼고 자리 잡고 있다. 초강 천에는 깨끗한 물이 흘러 낚시와 물놀이를 즐기기에 좋다. 간단한 견지낚시로 누치, 피라미, 끄리, 참마자, 눈불개 등을 잡을 수 있다.

아기자기한 소품으로 정성스레 꾸민 황간역.

월류봉 일대는 풍경이 아름다워 달마저 머물고 지나간다는 곳으로 불린다. 깎아지른 듯한 월류봉은 그 자체로도 탄성을 자아낼 만큼 아름다운 곳이며 봉우리 앞 맑은 초강천은 운치를 더한다. 월류봉 꼭대기까지 왕복하면 3~4시간 정도 소요되는데 꼭 한번 올라가 보는 것을 추천한다. 정상에서 내려다본 풍경은 한반도 모양을 꼭 빼닮았다. 9월에 영동을 방문하면 영동 포도축제와 난계국악축제 등 다양한 축제가 열려 체험할 수 있는 것들이 다양하다. 월류봉 앞에는 '달이 머무는 집'이라는 펜션 캠핑장이 있다. 펜션과 캠핑 모두 가능한 곳으로 경치가 좋다. 특히 봄이 되면 벚꽃 아래에서 캠핑이 가능해 많은 주목을 받고 있다. 다만 주인장의 잔디 사랑이 약간 과하다 싶을 정도라 주의가 필요하다.

월류봉 정상에서 본 한반도 지도.

민주지산휴양림의
야영장은 아래쪽과
위쪽으로 나뉘는데
아래쪽은 그늘이
많지 않다.

뜨거운 햇볕을 피해 삼림 속으로
민주지산에서 즐기는 캠핑

주변에 각호산(1,176m), 민주지산(1,241m), 천만산(960m),
초점산(1,176m) 등 해발 1,000m급의 높은 산들이 둘러싸
고 있는 민주지산자연휴양림은 해발 700m 고지대에 있어
한여름에도 서늘한 공기를 맡을 수 있다. 특히 공기가 맑아
삼림욕을 즐기는 데 최적의 장소다. 야영장의 경우 모든 데
크가 나무 그늘에 있다고 해도 무방하다. 또 화장실, 개수대
와 같은 편의시설도 군에서 확실하게 관리하고 있다.

황간면에서 심천면으로 전통주 내음을 따라

자동차로 영동과 황간을 찾는다면 돌아오는 길에 심천역을 꼭 들러 보길 바란다. 심천역은 간이역 건축의 끝판왕으로 꼽히는 기차역으로 등록문화재 제297호로 지정되었다. 막걸리와 전통주를 좋아한다면 심천역 인근의 심천양조장을 추천한다. 특히 전통주의 향긋한 약재 내음은 취기를 잊게 하기에 충분하다.

전국의 간이역 중에서 가장 아름다운 역으로 꼽아도 손색이 없는 심천역. 역사를 둘러보고 인생 사진도 찍어보자.

기본 정보

❖ 민주지산자연휴양림

🏠 충북 영동군 용화면 조동리 산4-129

☎ 043-740-3437

• **캠핑료(입장료)** : 1,000원
• **야영 데크** : 5,000원
• **주차료** : 3,000원
• **추천 계절** : 봄, 여름, 가을

❖ 물놀이장과 캠프파이어장이 있어 가족 단위 피서객들이 방문하기에 좋다. 캠프파이어장에 사이트를 구축하여 차박도 가능하다. 특히 원시림이 잘 보존돼 있어서 삼림욕에 최적의 장소라고 할 수 있다.

❖ 민주지산자연휴양림 내에는 상점이 없어 미리 준비해야 한다. 용화면과 가까운 곳에 있는 무주군 설천면 소재지에서 먹을거리를 준비하는 것이 좋다. 지리산 자락인 설천면에는 구천동 농협 하나로마트(063-324-2501)가 있다.

먹을거리

❖ 원조동해식당

🏠 충북 영동군 황간면 영동황간로 1676

☎ 043-742-4024

바로 옆에 있는 해송식당과 함께 황간역전 맛집이다. 두 식당 모두 올갱이국밥과 올갱이전이 주메뉴이다.

❖ 영동심천탁주공동제조장

🏠 충북 영동군 심천면 심천로 90-2

☎ 043-742-3756

심천 약주와 막걸리 양조장이다. 현지 구입이나 전화로 주문배달도 가능하다.

즐길 거리

❖ 와인코리아

🏠 충북 영동군 영동읍 영동황간로 662

☎ 043-744-3211

월류봉에서 약 11km 거리에 있는 곳에 영동 포도를 활용해 와인을 만드는 와인코리아가 있다. 와이너리를 관람하면서 와인 시음, 와인 족욕 등의 다양한 프로그램을 체험할 수 있다.

오지성 ★★★★☆ **난이도** ★★★★★

산 캠핑이 지루하다면 이번엔 강 캠핑을 떠나보는 건 어떨까?
강 캠핑, 천렵, 등산, 민물고기 요리까지.
이 모든 걸 한 번에 즐길 수 있는 이곳은 바로 물 좋고 산세 좋은 옥천 금강변이다.

사욱한 물안개가 사리잡고 있는 금강은 야생이시만 캠핑의 참맛을 느낄 수 있다.

풍족한 천렵을 품은 **옥천**
금강변

봄 향기를 맡으며
강 캠핑을 즐기고 싶다면 이곳으로

대전광역시와 비교적 가까운 충청북도 옥천군은 예로부터 물 좋고 산세가 좋아 나들이객들과 천렵객들이 자주 찾는 곳이었다. 강가에서 천렵하기가 워낙 좋은 곳이라 이제는 전국구 천렵 장소로 자리 잡았다. 강가이기 때문에 어디서든 본인이 원하는 대로 즐길 수 있다. 텐트를 가져와서 1박을 해도 되고 차박을 해도 누가 뭐라 하지 않는다.

봄꽃이 피기 시작하는 4월 말~5월 사이가 천렵의 최적기라 할 수 있다. 강물 냄새와 각종 야생화, 나무 향이 섞인 봄 내음을 느끼며 강 캠핑의 진수를 맛볼 수 있다. 물안개라도 끼는 날이면 영화 <흐르는 강물처럼>의 주인공이 된다. 플라이낚시와 루어낚시 모두 잘 잡히는데 이 시기에는 특히 끄리낚시가 잘 된다. 사람들이 자주 찾기 때문에 강변의 돌자갈들이 평평하게 다져져 있다. 그러나 다져진 지역을 벗어날 경우 울퉁불퉁하니 조심해야 한다.

마을을 휘감는 강이 마치 마을을 지키는 수호신 같다.

수세식 화장실이 없어 취수탑 쪽 식당에 양해를 구하고 이용하거나 입구 쪽 재래식 화장실을 이용해야 한다. 이렇듯 편의시설이 부족하여 불편하기는 하지만, 샤워 텐트가 있으면 어린아이를 데리고도 캠핑할 수 있다.

금강수변 천수공원은 각종 낚시의 메카다. 플라이낚시, 견지낚시, 루어낚시 등 온갖 종류의 낚시를 즐길 수 있다. 또 근처 연주리에 있는 둔주봉은 한반도 지형을 옆으로 뒤집은 모양으로 유명하다. 가파르지 않아 등산하기 좋은 곳으로 1시간가량 걸리며, 노약자들도 가뿐히 오를 수 있을 정도로 쉽다.

여행 정보

먹을거리

옥천은 금강과 그 지류들이 많아서 민물고기와 관련된 요리가 발달했다. 피라미를 프라이팬에 돌린 뒤 양념을 해 볶은 도리뱅뱅이 가장 유명하며, 특히 민물고기 살을 발라내 죽을 끓이는 어죽, 역시 민물고기 살을 발라낸 뒤 면을 얹은 생선국수 등이 유명하다. 또한 맑은 물에 사는 올갱이 요리도 절대 빼놓을 수 없는데, 올갱이국밥과 올갱이전이 맛있다. 옥천 포도와 옥수수 역시 맛있기로 유명하다.

볼거리

시인 정지용의 고향 옥천읍 하계리에는 정지용 문학관이 있다. 옥천읍 삼청리에는 보물 제1338호로 지정된 옥천 용암사 쌍삼층석탑이 있다.

기본 정보

5km 떨어진 안남면 소재지에 있는 하나로마트 대청농협 안남점(043-732-7008)을 이용하면 좋다. 수세식 화장실을 이용하려면, 취수탑 쪽에 있는 식당에 양해를 구해야 한다. 입구 쪽에 재래식 화장실도 있다. 캠핑료도 무료다.

오지성 ★★★☆☆ **난이도** ★★★☆☆

요즘 같은 팬데믹 상황에서는 잠시라도 숨을 돌릴 곳을 찾는 것이 무엇보다 중요하다.
여유를 되찾을 수 있는 제천 자드락길을 소개한다.
호수를 중심으로 펼쳐진 길을 따라 트레킹을 즐기기에 좋다.

자드락길에서는 청풍호의 비경이 한눈에 내려다보인다.

호수가 제공하는 수려한 경관 제천
청풍호 자드락길

청풍호의 멋진 풍경을 바라보며 천천히 걷는 자드락길

충청권 여행을 염두에 둔다면 청풍호와 산간마을을 중심으로 조성된 '청풍호 자드락길'을 빼놓을 수 없다. 자드락길이란 '나지막한 산기슭의 비탈진 땅에 난 좁은 길'이라는 뜻으로 청풍호를 바라볼 수 있는 총 길이 58km의 코스가 7개 마련돼 있다.

국내 11번째 슬로시티로 지정된 제천은 천천히 걸으며 자연을 만끽하기 딱 좋은 곳이다. 남제천 IC를 벗어나 금성면으로 들어서면 멀리 월악산이 보인다. 그리고 곧바로 내륙의

트레킹 도중 힘이 든다면 잠시 고개를 돌려 호수를 내려다 보자. 힘이 솟는다.

옥순대교.

바다로 불리는 청풍호가 한눈에 펼쳐진다. 제천에서는 충주호 상류를 청풍호라고 부른다. 맑은 바람이 부는 호수라는 뜻이다. 봄에 이 청풍호 둘레를 도는 82번 국도를 타면 아름다운 벚꽃을 만끽할 수 있다.

자드락길을 걷는 7코스

1코스 '작은 동산길'은 청풍면 만남의 광장에서 능강교까지 이어지는 19.7km 구간으로, 청풍호의 아름다운 풍경을 감상할 수 있으며 음바위와 취적대 등 제천의 명소를 둘러볼 수 있다. 2코스 '정방사길'은 능강교에서 정방사까지 걷는 1.6km 구간으로, 맑고 깨끗한 계곡과 더불어 멋진 풍경을 바라볼 수 있는 코스다. 절벽에 지어진 사찰인 정방사에 오르면 청풍호와 주변 산들을 바라보며 자연의 경이로움을 느낄 수 있다. 3코스 '얼음골 생태길'은 능강교에서 얼음골에 이르는 5.4km 구간이다. 울창한 소나무 숲 사이로 흐르는 물은 바닥까지 비칠 정도로 맑으며 계곡 양옆으로는 깎아 세운 듯한 절벽까지 있어 절경을 이룬다. 한여름에도 얼음이

어는 얼음골도 만나 볼 수 있다. 4코스 '녹색마을길'은 능강교에서 출발해 하천리 산야초마을을 지나 산수유마을에 있는 용담폭포까지 이르는 7.3km 구간의 길이다. 걷는 데 큰 어려움이 없어 남녀노소 누구나 느긋하게 즐길 수 있다. 5코스 '옥순봉길'은 상천리에서 송호리를 지나 옥순대교까지 걷는 5.2km 코스로, 청풍호와 옥순봉의 풍경이 볼만하다. 6코스 '괴곡 성벽길'은 옥순대교 앞 옥순봉 쉼터에서 시작해 괴곡리와 다불리를 지나 지곡리 고수골에 이르는 9.9km 구간으로, 멋진 조망과 다양한 식물군이 조화를 이루는 최고의 코스이다. 청풍호와 옥순봉, 옥순대교가 눈앞에 그림처럼 펼쳐져 사진찍기 좋은 명소와 전망대가 마련되어 있다. 마지막 7코스 '약초길'은 산간마을을 한 바퀴 도는 구간으로, 지곡리에서 율지리 말목장까지 8.9km 구간이다.

이 중 옥순대교에서 시작되는 청풍호 자드락 6코스 '괴곡성벽길'은 백미로 손꼽힌다. 어느 곳을 가더라도 관계없지만 이 길은 조금 난도가 있다. 굳이 산행을 힘들게 하고 싶지 않은 사람들은 옥순대교가 보이는 주차장에 차를 정차한 뒤 언덕을 조금이라도 올라가 보길 권한다.

여행 정보

즐길 거리

내륙의 바다라 불리는 청풍호반에서의 아름다운 추억을 간직하고 싶다면 청풍호 유람선에 올라보자. 현장 예매 시 대인 14,000원, 소인 9,000원이다(온라인 예매 시 대인 11,900원, 소인 8,900원).

먹을거리

청풍호 주변에 맛집들이 많다. 울금으로 맛을 내 건강식 떡갈비로 유명한 '청풍황금떡갈비'를 빼놓을 수 없다. 민물 매운탕이 맛있는 '교리가든'도 체크해보자. 청풍호에서 잡은 동자개(빠가사리) 등 잡고기로 만든 매운탕으로 유명한 곳이다. 유기농 채소를 곁들인 쌈밥집 '산아래'는 제천의 맛 브랜드 '약채락'의 대표적인 맛집이다. 모든 음식을 유기농 재료를 활용하여 만든다는 이곳은 우렁 쌈밥이 유명하다. 간식거리 중 빨간 어묵도 빼놓을 수 없다.

숙소

주변에는 좋은 숙소가 널려 있다. '청풍 리조트 레이크 호텔'은 비록 최신식의 화려한 호텔은 아니지만, 창밖으로 보이는 청풍호 풍경이 아주 좋은 곳이다. 청풍호 주변 산책길이 잘 조성되어 있고, 특히 호수 주변으로 난 한적한 길을 따라 걷기에 좋다.

괴산
산막이마을

싱그러운 피난처, 산막이마을

임진왜란 때 왜군과 난리를 피해 첩첩산중인 산막이마을로 피난민들이 들어왔다. 병풍 같은 산이 막고 있어 산막이마을이라 불렀다. 이 산이 화마로부터 마을과 피난민을 지켜줬다. 산이 피난민을 지켜줬다면 달천은 허기지고 놀란 피난민을 달래줬다. 달천은 속리산 계곡에서 발현하였다.

사연 많은 세월 마냥 굽이 굽은 산막이옛길

『택리지(擇里志)』는 달천의 물맛이 명나라 수렴약수보다 맛이 있고 달콤하다고 했다.

산막이옛길은 칠성면 외사리 사오랑 마을에서 달천을 따라 산막이마을까지 연결된 10리(4km) 둘레길이다. 소소한 볼거리와 재미가 있지만 괴산호와 군자산 등을 한 번에 볼 수 있는 꾀꼬리전망대가 확실한 한방이다. 전망대는 40m 절벽 위에 지어 확 트인 괴산호를 감상할 수 있다. 끝단은 유리바닥으로 마감하여 발아래까지 훤히 보인다.

여행 정보

❖ **산막이옛길**
🏠 충북 괴산군 칠성면 사은리 546-1
☎ 043-832-3527

등산, 맛집 투어, 피크닉까지 한 번에 # 괴산
연풍레포츠공원

호젓한 피크닉 최적지

충청북도 괴산군에 있는 조령산 연풍레포츠공원은 영남과 충청도를 잇는 조령산(1,017m)과 신선봉(967m) 사이의 소조령 부근에 있다. 연풍레포츠공원은 괴산군이 조성한 공원 내 편의시설이다. 괴산군에서 관리하고 있어서 화장실, 개수대 등의 편의시설 상태가 좋고, 무엇보다 잘 가꾼 잔디가 있어 쾌적한 피크닉을 즐길 수 있다. 생활 체육 공원이다 보니 간단한 운동 및 축구, 야구 등의 스포츠도 즐길 수 있다. 옆으로 나 있는 등산로를 따라 신선봉까지 등산해도 좋다. 문경새재(조령) 제 3관문에서 제 1관문까지 트레킹할 수 있는 코스도 있다. 조령 민속 공예촌에서는 전통 공예품 제작과정을 체험할 수 있다고 하니 둘러보자. 화양구곡을 끼고 있는 괴산의 대표 먹을거리는 매운탕, 쏘가리조림, 다슬기 해장국 등이다. 이밖에 청정 괴산계곡에서 기르는 송어와 향어 등의 민물고기 회도 별미다.

연풍레포츠공원은 국민 생활증진을 목적으로 조성된 만큼 피크닉 및 운동을 하기에 적합하다.

여행 정보

❖ **연풍레포츠공원**
🏠 충북 괴산군 연풍면 원풍리 168
☎ 043-830-3318

맑고 깨끗함을 그대로 옮겨 놓은 **단양**

새밭계곡과 사동계곡

오지성
★★★☆☆

난이도
★★★☆☆

울창한 숲과 맑은 물이 어우러진 청정구역, 새밭계곡

소백산국립공원 입구에 있는 새밭계곡은 매년 여름만 되면 지역민들의 사랑을 독차지하는 작은 계곡이다. 당연하게도 이곳은 물놀이의 천국이라 할 수 있다.

새밭계곡은 1급수에서 사는 산천어가 서식할 만큼 맑고 청정한 곳이며, 플라이 낚시인들이 자주 찾는 낚시 명소이다. 편의시설은 다소 부족하지만, 자체 수영장을 갖추고 있어서 간단한 피서에는 나쁘지 않다.

단양의 명물, 사동계곡

이웃 마을의 사동계곡 또한 물놀이하기에 최적의 장소이며, 마을에서 관리하는 유원지에서 차박도 가능하다. 그리고 계곡 옆으로는 어린이용 풀장과 나무 그늘이 짙은 야영장 등 시설이 잘 갖추어져 있다.

한여름 무더위를 피해 단양의 사동계곡으로 주말 나들이를 떠나보는 건 어떨까?

여행 정보

❖ **새밭계곡**
🏠 충북 단양군 가곡면 어의곡리
☎ 043-422-1146

춘장대 솔밭해변

오지성
★★★☆☆

난이도
★★★☆☆

드넓은 해변과 울창한 소나무가 함께하는 캠핑

충남 서천의 춘장대 솔내음 야영장은 넓은 면적에 소나무가 무성한 전형적인 해변 야영장이다. 이곳은 원래 춘장대 해변에 딸린 야영장으로서, 우리나라에서 캠핑 문화가 발달하기 전부터 여름이면 수많은 피서객이 찾아와 텐트를 치던 곳이다. 그러다 몇 해 전부터 야영장 지역으로 지정되어 시설이 보강되면서 현재와 같은 모습으로 재탄생하게 되었다. 춘장대 솔내음 야영장의 장점은 뭐니 뭐니 해도 1만 2천여 평에 달하는 넓은 면적에, 소나무가 무성하여 쾌적한 웰빙 캠핑을 즐길 수 있다는 것이다. 다만 별도의 예약이 불가능하여 선착순으로 캠핑객을 받고 있다. 가족 단위 캠퍼들이 찾기에 딱 알맞은 야영장이다. 춘장대 해변에서 산책하는 것도 좋으며, 해변의 수심(1~2m)이 완만해 어린아이들이 물놀이하기에도 안전하다. 춘장대 해변에서 잡은 조개로 즉석에서 요리를 만들어 먹어도 좋다.

무성한 소나무 중심에 서 있으면 감탄을 금치 못한다.

여행 정보

❖ **춘장대 솔내음야영장**
🏠 충남 서천군 서면 도둔리 1233
☎ 010-8644-3902

호젓한 강변의 정취 그윽한 # 영동
송호국민관광지

오지성
★★☆☆☆

난이도
★★★☆☆

아름다운 금강과 푸른 소나무의 정취를 느낄 수 있다

금강의 물줄기는 전라북도 장수에서부터 시작되어 진안고원을 거쳐 약 120km를 달려 영동군 양산면 송호리에 닿는다. 풍부한 금강 덕분에 아름다운 소나무가 군락을 이루게 되었고, 송호국민관광지는 자연스럽게 공원이 되었다. 이곳은 솔밭에 야영장이 조성된 곳으로 수십 년에 걸쳐 수많은 사람의 추억으로 가득하다. 이곳의 소나무는 대부분 수령이 수십 년에서 100년이 훌쩍 넘는 노송들이라 정취가 그만이다. 특히 강변에 안개라도 낀 날에는 돈 주고도 못 볼 아름다운 장면을 두 눈으로 확인할 수 있다. 이것이 바로 송호리가 카약과 캠핑의 메카가 된 이유다. 송호국민관광지는 야영장을 제외하고도 물놀이장, 조각공원, 산책로, 놀이터, 운동장, 슈퍼마켓 등 여러 가지 시설이 들어서 있고 캠핑 편의시설인 화장실, 개수대 등의 시설도 양호하여 캠핑을 즐기는 데 부족함이 없는 곳이다.

송호국민관광지는 아름다운 천변에 위치한 송림 사이의 캠핑장으로 경치가 아름답다.

여행 정보

❖ 송호국민관광지
🏠 충북 영동군 양산면 송호리 280
☎ 043-740-3228

전라도

04

전라남도 신안군 '도초도'

오지성 ★★★★★ **난이도** ★★★★★

일제강점기 시절에 불리웠던 태랑도라는 이름을 버리고
'천혜의 아름다운 섬'이라는 뜻의 '여서도'라는 이름이 생겼다.
이 섬은 제주도와 완도 사이 망망대해 가운데 자리 잡은 낚시의 천국이다 .

여서도는 완도에서도 3시간 거리에 있는, 배가 자주 닿지 않는 섬이다.

제주도와 완도 딱 중간에 있는 섬 완도
여서도

완도에서 3시간 거리에 작게 자리 잡은 여서도

여서도는 땅끝 완도와 제주도 사이 한가운데쯤 있는 작은 섬이다. 그렇기에 완도에서 여서도까지 가는 길은 멀고도 멀다. 완도 여객선터미널에서 출발하면 무려 3시간이나 걸려 여서도에 도착한다. 섬이 작아도 너무 작지만, 매년 성수기에는 섬 애호가들의 사랑을 받아온 곳이다. 먼저 사람들을 반기는 것은 앙증맞은 고양이들이다. 거의 수직으로 난 돌 위를 거침없이 타고 올라갔다 내려갔다를 거듭한다. 어쩌면 제주도보다도 더 강한 바람이 부는 이곳 여서도에서 생존을 위해 쌓았던 돌담길이었을 것이다.

당초에는 좁은 돌담을 허물고 도로를 넓히자는 의견이 우세했지만 주민들은 여서도의 돌담이 허물어지면 여서도가 더 이상 여서도가 아니라는 결론을 내린다. 결국 길을 넓히는 대신 이 돌담길을 보존하기로 했다. 주민들이 지켜낸 돌담으로 둘러싸인 조용한 섬이다. 쉬어가고 싶은 사람들은 원하는 만큼 조용히 쉬었다 갈 수 있다.

고고학자의 발길이 이어지는 작은 섬

여서도에는 마땅한 식당이 없어 보통 민박집에서 식사까지 해결한다. 민박에서 함께 숙박한 여행객들은 곧 식사도 함께 하는 사이가 된다. 여서도의 민박집에서 마주친 고고학자가 있었다. 미국 오리건주에서 이 머나먼 여서도를 찾아왔다고 한다. 어떻게 이 멀고도 먼 절해고도(絶海孤島)를 고고학자들이 찾게 됐을까. 섬 전역에는 조개무덤이 산재해 있다고 한다. 조개무덤은 대체로 신석기시대 만들어진 것으로 파악하고 있는데, 멧돼지 뼈와 사슴 뼈 등이 다수 발견되었다고 한다. 그만큼 예전에는 풍부한 수량으로 동물들이

여서도는 해무가 자주 낀다. 며칠씩 발이 묶이는 경우가 잦다.

여서도의 고독함을 잘 드러내는 등대.

살기가 꽤 괜찮은 섬이었을 것으로 파악하고 있었다. 척박하기 짝이 없는 섬으로만 생각했는데, 섬을 둘러보니 제법 살기 괜찮았던 섬이 아니었을까 싶다. 골목 안길로 접어들면 해녀의 잠수복만 걸려 있는 작은 가게가 있다. 그저 담배만 팔고 있는 작은 가정집이다.

이 섬은 '물 반 고기 반'이라는 용어가 정확히 들어맞는 곳이다. 그래서 낚시인들뿐만 아니라 약간의 낚시지식이 있는 초보 낚시인들도 많이 찾는다. 섬 한쪽에 루프 텐트를 편 채 캠핑과 낚시를 하는 '꾼'들도 보인다. 섬 남쪽의 방파제 쪽에 차를 대고 차박을 하는 사람도 가끔 있다. 그러나 물 사용 등이 힘들기 때문에 최소 하루나 이틀 정도는 민박집을 이용하는 편이 낫다.

여행 정보

교통편

서울에서 완도까지는 고속버스로 5시간 걸린다. 강남까지 가기 힘든 사람들은 KTX를 타고 광주 송정역에 내린 뒤 다시 시외버스 터미널까지 이동, 완도행 버스를 타야 한다. 여객선은 완도여객선터미널에서 하루에 한 편 운행한다. 오후 3시 완도항을 출항한 섬사랑 7호는 청산도와 모도 등지를 거쳐 오후 6시쯤 여서도에 도착한다. 저녁에 도착하므로 무조건 1박을 할 수밖에 없다.

숙소

섬에는 낚시인들을 위주로 한 민박이 다수 영업하고 있다. 그러나 걸핏하면 배가 끊기기 쉬우므로 작은 텐트나 침낭 등을 준비해 가는 것도 좋다. 예약한 숙박일수를 채우고 섬을 떠나려 해도 배가 뜨지 않은 경우가 많기 때문이다.

❖ **소라민박**
🏠 전남 완도군 청산면 여서리 450
☎ 010-7466-4421

❖ **세영민박**
🏠 전남 완도군 청산면 여서도길 34-2
☎ 010-9050-6497

❖ **꽁지네민박**
🏠 전남 완도군 청산면 여서도길 29-17
☎ 010-8547-3233

오지성 ★★★☆☆ **난이도** ★★☆☆☆

모항해수욕장으로 가는 길에 펼쳐진 그림 같은 해안을 보면 몇 번이고 차를
세우고 싶은 생각이 든다. 서해답지 않은 고운 백사장이 관광객을 맞는다.
아담한 크기와 속닥한 분위기의 해변은 여느 서해안이 줄 수 없는 은근한 매력이 있다.

하늘빛 바다와 아이보리빛 백사장의 모항해수욕장.

아담한 여행 **부안**
모항해수욕장

아담한 맛, 모항해수욕장

억겁의 세월을 파도에 몸을 맡긴 바위는 지쳐 깎이고 씻겨 해식단애의 아름다운 절벽을 이뤘다. 절벽은 다시 씻겨 동굴을 만들고 대자연의 신비와 비밀을 간직한 채 외변산 제일의 경관을 이룬다. 육지 쪽에는 관음봉 아래에 곰소만의 푸른 바다를 내려다보며 자리하고 있는 천년고찰 내소사부터 해와 함께 봉우리마다 자욱한 안개와 구름이 춤추는 듯한 외변산까지 모두 일품이다. 줄포에서 시작해 곰소를 지나는 서해의 정경, 곰소만에 떠 있는 어선들도 한 폭의 그림이 되고야 만다.

바다를 낀 변산반도 국립공원 해안도로에 들어서 변산과 격포를 거쳐 곰소로 가다 보면 작은 해변을 만난다. 이곳이 모항해수욕장이다. 내변산과 외변산이 마주치는 바닷가에 자연 조성된 자그마한 해수욕장이다. 서해안답지 않게 고운 백사장이 아담하게 펼쳐져 있고 바닷물까지 깨끗하다. 백사장 북측 끝단 갯바위에는 돌게가 잡힌다. 반찬거리로 부족하겠지만, 가족끼리 소소한 재미는 분명히 있다. 규모는 작지만 울창한 소나무밭이 아름다워 많은 사람들의 사랑을 받는 곳이다. 소나무밭에서는 캠핑은 물론 차박도 무료로 가능하고 아담한 크기지만 웬만한 편의시설은 다 들어왔다. 2000년 초반부터 가족 호텔, 오락 시설 등이 들어와서 오지성은 조금 덜하지만, 가족들과 주말 여행지로는 아직도 충분히 한적하다.

고사포해수욕장 캠핑장

모항해수욕장 해변 캠핑데크.

전라북도 부안군 변산면 운산리에 있는 해수욕장으로, 2km에 이르는 백사장을 자랑하는 부안에서 가장 큰 규모의 해수욕장이다. 물론 캠핑도 가능하다. 방풍을 위해 심어 놓은 약 300m의 넓고 긴 소나무 숲 아래서 캠핑을 하는 것이 가장 편리하다. 여러 가지 편의 시설들도 새로 지어져 깨끗하다. 매월 음력 보름이나 그믐쯤에는 사람들이 현대판 모세의 기적이라고 부르는 약 2km의 바닷길이 해수욕장에서 이곳까지 열린다. 이때에는 섬까지 걸어갈 수 있으며 조개나 낙지, 해삼 등을 잡는 즐거움도 누릴 수 있다. 흔히 변산반도의 산악 쪽을 내변산, 해안 쪽을 외변산으로 구분하는데 외변산에 속해 있는 해수욕장은 가까운 곳에 산도 끼

고 있어 월명암, 개암사, 적벽강, 채석강 등의 볼거리가 많다. 약 3km 거리에 변산해수욕장이 있고 상록해수욕장도 멀지 않다. 만조가 되면 서해안의 다른 해수욕장보다는 수심이 약간 깊은 편이다.

부안 변산마실길에 활짝 핀 데이지꽃.

마실길 여행

부안군은 서해변 둘레에 8개의 마실길 코스를 정비했다. 그 중에 모항해수욕장에서 왕포마을까지 이어지는 6코스 '쌍계재아홉구비길'과 왕포마을에서 곰소항을 들러 왕포염전에서 끝나는 7코스 '곰소소금밭길'이 가볼 만하다.

6코스인 쌍계재아홉구비길은 '갯벌체험장~금강가족타운~ 쌍계재~마동방조제~작당마을~왕포'를 둘러보면 총 2시간 (6.5km)이 걸린다. 이 길은 연인과 걷기 좋은 코스이다. 숲이 울창하고 촘촘한 신우대길이 있어 이 길이 끝날 때는 연인 사이가 더욱 가까워지리라 믿는다. 종착지인 왕포는 파도마저 잔잔하고 다소 남루한 모습의 어촌마을이다. 배우 이덕화 씨가 애정하는 바다 낚시터인데, TV프로그램 <도시어부>에도 두어 번 나와 꾼들의 발길도 잦아졌다. 마을에는 예쁜 벽화가 그려져 있어 사진을 찍기 좋다. 현란한 벽화 말고라도 마을에는 빨간 앵두, 노란 천년초, 녹색 보리수 등이 곳곳에 심어져 조용한 마을에 생기를 더한다.

모항해수욕장의 갯벌체험.

/코스인 곰소소금밭길은 '왕포~운호~관선마을~작도~곰소항~염전'을 둘러보면 1시간 40분(6.5km)이 걸린다. 6코스가 연인의 길이라면, 7코스는 가족이 함께하기 좋은 길이다. 곰소소금밭길은 갯벌을 바라보며 방조제와 농로를 지난다. 염전 바닷길도 아니고 숲길도 아닌 넓은 갯벌을 막아 만든 제방길을 종종 걸어야 한다. 곰소항은 예부터 염전이 발달되어 젓갈 음식이 유명하다. 서해의 신선한 횟감과 부안의 훈훈한 인심이 어우러져 곰소항은 맛집 천국이다. 곰소항은 일제 수탈을 위해 지어진 항구이다. 곰소염전과 함께 어린 자녀들의 산 교육장으로 좋은 곳이다.

곰소염전.

먹을거리

❖ 계화회관
🏠 전북 부안군 행안면 변산로 95
☎ 063-584-3075
한때는 부안에서 최고의 맛집으로 꼽혔던 곳으로 백합죽과 백합구이가 주메뉴다. 부안 시내에 있다. 09:00~20:30 영업하며 오후 3~5시는 브레이크 타임이다.

❖ 곰소쉼터
🏠 전북 부안군 진서면 청자로 1086
☎ 063-584-8007
곰소염전 바로 맞은 편에 있고, 전라도게장 맛집으로 손꼽히는 곳이다. 숙박업소 아래에 식당이 있어 자칫 그렇고 그런 식당으로 생각하고 스쳐 지나가기 쉽다. 그러나 젓갈로 유명한 곰소에 있어 제대로 된 젓갈들을 낸다. 가장 인상적인 것은 9개의 종지에 각기 다른 젓갈을 내오는 젓갈정식이다.

❖ 해변촌탈아리궁
🏠 전북 부안군 변산면 마포로 27
☎ 063-581-5740
고사포와 모항해수욕장 사이에 있다. 전라북도 부안의 변산반도에 위치한 식당으로 갑오징어가 맛있기로 유명한 곳이다. 함께 나오는 양파김치도 빼놓을 수 없다. 주말이면 고객이 많지만 기다리는 시간이 아깝지 않다.

숙소

❖ 모항해수욕장 캠핑장
🏠 전북 부안군 변산면 도청리 203-1
☎ 063-580-4739
해수욕장 뒤쪽의 무료 캠핑장이다. 차박도 가능하고 편의시설이 갖춰있다.

❖ 고사포해수욕장 캠핑장
🏠 전북 부안군 변산면 노루목길 28 (운산리 441-7)
☎ 063-582-7808
국립공원이라 깨끗하고 이용료가 저렴(1박, 23,000원)하다. 예약은 국립공원 예약사이트(reservation.knps.or.kr)에서 가능하다. 고사포해수욕장의 소나무숲에 조성되어 바다뷰가 좋다.

볼거리

❖ 채석강
🏠 전북 부안군 변산면 변산해변로 1
☎ 063-582-7808
강이 아닌 바다의 층암절벽을 가리킨다. 기암괴석들과 수천 수만 권의 책을 차곡차곡 포개 놓은 듯한 퇴적암층 단애로, 중국의 채석강(彩石江)과 그 모습이 흡사해 채석강이라 부르게 되었다. 퇴적암층이 절경이다.

❖ 직소폭포
🏠 전북 부안군 변산면 실상길 52
☎ 063-582-7808
내륙 깊숙이 숨겨둔 보물처럼 직소가 숨겨져 있어 내륙의 소금강이라 불린다. 내변산의 경관 중에서 으뜸으로 꼽히고 '직소폭포와 중계계곡을 보지 않고서는 변산을 봤다고 할 수 없다'라고 했다. 남녀노소 누구나 쉽게 오를 수 있는 완만한 경사로 이루어져 많은 탐방객이 찾아오는 변산반도국립공원의 대표적인 탐방코스이다.

드넓은 호남평야를 촉촉하게 적시는 옥정호는 그 크기가 평양만큼이나 광대하다.
옥정호의 4계는 각기 다른 특색과 풍경이 있어, 언제 찾더라도 만족스럽다
호수 주변에는 오래된 카페가 있어 당일 드라이브 코스로도 추천한다.

국사봉전망대에서 바라본 옥정호.

전망대에서 내려다본 천상의 세상 임실
옥정호

천상의 세상, 옥정호

섬진강댐은 전력과 수자원을 관리하기 위해 1960년대 생긴 최초의 다목적댐이다. 옥정호는 이 섬진강댐을 건설하며 생긴 거대 호수이다. 임실군 운암면 절반 가까이가 수몰되었는데 이 면적이 26.3㎢로 여의도 12배 크기이다. 저수량은 4억 3천톤으로 넓은 호남평야를 적셔주는 화수분같은 존재이다. 섬진강 다목적댐은 전력과 수자원 이외에도, 옥정호의 멋진 경치를 덩달아 우리에게 선물했다. 옥정호의 4계는 각기 특색과 풍경이 있어 언제 찾아도 경치는 아름답다. 특히 일교차가 큰 봄·가을에는 운해가 옥정호를 넘는데 전국

차에 누워 고요한
옥정호를 바라보면
마음도 평온해진다.

의 사진사들이 모여들 만큼 진풍경이다. 하얀 운해를 비집
고 고개를 내민 섬은 일명 '붕어섬'이다. 수몰되기 전에는 '산
바깥 능선의 날등'이라고 해서 '외앗날'이라고 불리었다. 현
재는 그 모습이 토실토실한 붕어를 닮았다하여 '붕어섬'으
로 불린다.

붕어섬과 옥정호 일대가 가장 잘 보이는 곳이 '국사봉 전망
대'이다. 전망대 밑에 주차를 하고 200m 정도 걸어 올라가
야 한다. 평시에는 한적한 편이나 물안개 끼는 시즌 아침이
면 사진사들이 삼각대로 진을 쳐서 복잡하다. 분주한 전망
대와 달리 아래 옥정호의 모습은 이 세상의 것이 아닌듯하
다. 물안개 사이로 흐릿하게 보이는 옥정호의 몽롱한 모습
은 오히려 더욱 선명한 장면으로 기억된다.

전망대 주차장에서 100m 내려오면 3층 정자가 있고, 다시
50m 정도 아래에 두 번째 주차장과 전망 데크가 있다. 이
두 번째 주차장에서 차박을 할 수 있다. 이곳에 주차를 하면
옥정호가 한눈에 다 보이는 트렁크뷰가 가능하다. 화장실은
3층 정자 쪽에 있다.

옥정호는 충청·전라권에서 자동차 당일치기 여행으로 부담
없는 거리이고 둘러볼 코스도 험하지 않아 간편한 차림과
마음으로 떠나기 좋은 주말여행코스이다.

옥정호 즐기기

옥정호 순환도로는 벚꽃나무와 꽃잔디밭이 조성되어 찾는
이들로 하여금 마치 꽃길을 달리는 듯한 느낌을 준다. '한국

의 아름다운 길 100선' 중에서도 우수상을 수상할 만큼, 옥정호 순환도로는 자타가 공인한 아름다운 길이다. 드라이브에도 제철이 있다면, 이곳의 제철은 파란 하늘에 분홍빛 벚꽃 방울이 터지는 봄철이다.

서울·대전권에서 출발한다면 내량교(임실군 운암면 쌍암리)에서 시작하여 국사봉 전망대를 들르고 운암대교를 지나는 코스가 좋다. 거리는 18km이고 천천히 옥정호 드라이브를 즐긴다면 30분이 걸린다. 한 바퀴 둘러봤다면 한옥카페 '하루'에 들러 시원한 전통차로 드라이브를 마무리하는 것도 괜찮을 듯하다.

옥정호를 자동차 창밖 풍경이 아닌, 직접 걷고 느껴보고 싶은 사람들은 '옥정호 마실길'을 추천한다. '옥정호 마실길'은 3개의 구간으로 구성된다. 1구간은 옥정호 드라이브코스 길을 걸으며, 2구간은 대나무숲과 땀이 나는 경사길을 지난다. 그리고 마지막 3구간은 드라이브 코스로 볼 수 없는 용운리 깊숙한 곳까지 내려가 붕어섬과 옥정호를 보다 가까운 거리에서 느낄 수 있다. 이 코스의 시작은 옥정호 둔기승강장에서 주차를 하고 용운리 승강장까지 약 4시간(13km)이 걸리는 코스이다. 용운리 승강장에서 버스를 타고 다시 둔기승강장으로 내려오면 된다.

옛날 같은 '하루'

풍광이 좋았던 옥정호 주변에는 예부터 전통가옥들이 많다. 카페 '하루'는 고택을 다시 꾸며 문화공간과 카페로 사용

옥정호 여행의 묘미는 벚꽃 핀 봄에 느낄 수 있다. 만개한 벚꽃으로 가득 찬 옥정호 순환도로를 달리면 영화 같은 장면들이 이어진다.

카페 '하루'.

중이다. 이 고택(송화정)은 국운이 기울던 조선말에 귀향한 진사 성영덕에 의해 지어졌고, 일제 강점기에는 독립자금을 조달하던 장소로 쓰인 유서 깊은 곳이다. 굴곡 많은 역사를 겪고, 옥정호를 바라보는 밀다헌의 모습이 고즈넉하고 한편으로는 호젓해 보인다. 고택(송화정)은 본채와 사랑채를 비롯하여 예닐곱개의 방이 있고, 주방이 있는 현대식 건물(밀다헌)에도 그만큼의 테이블이 있다. 카페 '하루'의 장점이라면 어느 곳에 앉아도 그 자리만의 풍경과 특징이 있다. 가장 추천하는 방은 옥정호가 보이는 사랑채 끝방이다. 옥정호를 둘러보며 맺힌 땀방울을 전통차로 식히며, 여행을 예쁘게 마무리하자.

여행 정보

먹을거리

❖ 카페 '하루'
🏠 전북 임실군 운암면 강운로 1175-17
☎ 063-643-5076
순수 숙성시켜 만든 발효차는 이 카페의 알짜배기이다. 미리 예약하면 다도 체험도 가능하다. 전통차 7,000~10,000원.

❖ 애뜨락
🏠 전북 임실군 운암면 운정길 70-20
☎ 063-262-3800
송정호가 내려 보이는 곳에 아기자기한 소품들로 예쁘게 꾸민 카페이다. 개량한옥에서 전통차를 즐길 수 있다.

❖ 치즈온
🏠 전북 임실군 임실읍 치즈마을길 142-23 피자체험장
☎ 010-2323-0100
임실 하면 치즈이고 치즈 하면 피자이다. 치즈온은 직접 피자를 구워서 먹을 수 있는 곳이다. 예약제로 운영되며 체험 없이 피자를 주문해서 맛볼 수도 있다.

볼거리

❖ 구절초 테마공원
🏠 전북 정읍시 산내면 매죽리 산186-5
☎ 063-539-6171
옥정호의 봄에 벚꽃이 있다면, 가을에는 구절초가 있다. 옥정호 상류인 추령천이 휘감아 도는 야트막한 소나무 동산에 11만㎡ 크기의 구절초 공원을 조성하였다. 매년 10월 초에는 천혜의 자연경관을 자랑하는 솔숲을 배경으로 한 동양 최대의 12만㎡ 구절초꽃 동산에서 구절초 축제가 개최된다.

무진장 깊은 토옥동계곡은 수려한 비경을 지천으로 품고 있다.
숨겨진 비경을 찾느라 계곡 길을 오르락내리락하다 보면 어느새 이마에 땀방울이 맺힌다.
적당한 바위를 골라 앉아 시원한 계곡에 시선을 담그고 땀을 식힌다.

남덕유산과 삿갓봉 사이를 흘러 7km 아래로 내려오는 토옥동 계곡물.

무진장 깊은 오지 여행 **장수**
토옥동계곡

무진장 좋은 토옥동계곡

전북 오지 3형제 '무주·진안·장수'를 '무진장'이라고 부른다. 그 중에서 장수군은 고지대 분지이다. 소백산맥과 노령산맥이 둘러싸고 있어 남쪽의 개마고원이라고 불린다. 기상청에 따르면 여름철 전북에서 가장 시원한 곳이 장수군이라고 한다. 고지대 분지에 70%가 산림으로 우거져 있어 시원할 수밖에 없다.

토옥동계곡은 해발 600m가 넘는 남덕유산 깊은 골짜기에 위치하여 연중 시원함을 느낄 수 있다. 장수군 하면 덕산계곡이 유명했지만, 최근 저수지가 들어서 수질과 인기가 이전만 못 하다. 하지만 토옥동계곡은 아직 손때가 덜 탄 곳이다. 골이 깊고 아직 많이 알려지지 않아 자연 그대로를 담고 있다. 원시림과 암석을 타고 내린 맑은 물줄기가 작은 소를 이

계곡물은 양악호에서 모인다. 겨울에는 빙어낚시로 인기이다.

루고 성격 급한 물줄기는 작은 폭포가 되어 하얀 물줄기를 쏟아낸다.

계곡의 입구, 하류 쪽은 저수지와 송어양식장이 있다. 민물 낚시를 즐기는 사람들과 1급수로 양식한 송어를 맛보기 위해 모여든 사람들로 다소 붐빈다. 비포장 길이 계곡까지 놓여있지만, 주차장이 없는 사유지라 계곡 초입의 공영주차장에 주차를 하고 걸어서 올라가야 한다.

토옥동계곡은 자연보호구역이다. 계곡은 골짜기를 향해 7km를 뻗었지만 일부 구간은 출입금지이다. 취사와 야영은 불가하지만, 텐트 치고 간단한 요깃거리 정도는 가능하다. 또한 물놀이가 원칙적으로 금지되어 있지만, 탁족 정도는 허용된다.

계곡의 입구, 하류 쪽은 저수지와 송어양식장이 있다. 민물

토옥동계곡의
맑은물로 키우는
송어.

낚시를 즐기는 사람들과 1급수로 양식한 송어를 맛보기 위해 모여든 사람들로 다소 붐빈다. 비포장 길이 계곡까지 놓여있지만, 주차장이 없는 사유지라 계곡 초입의 공영주차장에 주차를 하고 걸어서 올라가야 한다.

깔끔하게 정리된 대곡 관광지의 한옥체험펜션. 한옥의 전통방식을 충실히 따른 건물이다.

조선시대 시골의 정취를 느낄 수 있는 주촌민속마을

논개는 기생으로 알려져 있지만 본래 양반의 딸로 태어났다. 논개가 태어난 이곳은 부친 주달문의 성을 따서 주촌마을이라 부른다. 본 주촌마을은 대곡호로 수몰되었지만 2000년에 전통가옥으로 복원되어 '주촌민속마을'이 문을 열

었다. 단순히 겉만 옛것을 표방한 것이 아니다. 굴피(참나무, 상수리나무, 삼나무 등 두꺼운 나무껍질)와 죽데기(통나무의 표면 널조각)로 정성스레 복원한 전통가옥은 더욱 현실감을 더한다. 마을은 장안산 기슭에 위치하여 조용하다. 둘러봐도 전신주나 요즘 건물은 보이지 않는다. 가옥의 복원뿐만 아니라 조선시대의 한적함까지도 옮겨놓은 듯하다.

주촌민속마을은 아기자기하게 잘 꾸며진 시골 민박집이 즐비하다. 계절별로 아름다운 꽃들이 만발해 사진 촬영에도 최적의 장소다. 주촌민속마을 주변에는 대곡 관광지, 논개생가 등의 다양한 볼거리가 있다. 주촌민속마을의 생생한 한옥체험보다 깔끔한 한옥체험을 원한다면 인근의 대곡 관광지 한옥체험을 추천한다. 이곳 한옥 숙박단지는 총 4개 단지 21객실과 오두막집(10객실)을 보유하고 있다. 한옥 숙박단지에서 논개생가마을 방향으로 산책길과 전망대가 조성되어 있어 둘러보는 것도 좋다. 사전예약을 하면 장수군청의 문화해설사(063-350-2348)와 함께 논개생가투어와 논개기념관 전시체험 등을 할 수 있다.

논개생가.

여행 정보

기본 정보

❖ 토옥동계곡 공영주차장
🏠 전북 장수군 계북면 양악리 46-1
토옥동계곡은 길이 협소하여 주차할 곳이 없다. 공영주차장에 세우고 20분 정도 올라가면 된다.

먹을거리

❖ 장수밥상
🏠 전북 장수군 산서면 용암길 57
☎ 063-351-3724
산서면 신창리 이장님 댁에서 맛보는 별미이다. 이장님 댁 밭에서 나온 나물과 맛난 한우의 조화는 웰빙 그 자체다. 사위에게 내놓은 전라도식 장모님의 거한 밥상이 이보다 더 푸짐하겠는가? 이건 꼭 추천한다. 예약은 필수이다. 1인상에 18,000원이다.

❖ 장수한우명품관
🏠 전북 장수군 장수읍 군청길 19
☎ 063-352-8088
장수에는 무항생제 한우가 유명하다. 이 식당은 장수군 산하 유통단지에서 직접 운영한다. 최고 등급인 1++의 고기를 시가로 저렴하게 즐길 수 있다.

❖ 토옥동송어횟집
🏠 전북 장수군 계북면 토옥동로 311
☎ 063-353-1216
토옥동계곡의 1급수로 키운 신선한 송어를 맛볼 수 있다. 고소하고 쫄깃한 맛이 일품이고, 송어껍질 튀김이 별미다. 산장 앞에는 송어 양식하는 모습도 나름 볼거리. 송어는 2인분에 35,000원이다.

❖ 산서보리밥집
🏠 전북 장수군 산서면 보산로 1780
☎ 063-351-1352
고산지대에서 자란 신선한 채소와 보리밥 한 끼 식사를 맛볼 수 있다. 보리백반 8,000원, 도토리묵 10,000원.

볼거리

❖ 논개사당(의암사)
🏠 전북 장수군 장수읍 논개사당길 41
☎ 063-350-1637
논개사당에 올라 내려 보이는 의암호와 봉화산의 풍경이 한 폭의 그림이다.

숙소

❖ 대곡관광지 한옥체험
🏠 전북 장수군 장계면 논개생가길 31-13
☎ 063-353-3533(관리사업소)
장수군 통합예약사이트(http://www.jangsu.go.kr/reserve)에서 예약 가능하다. 11평 원룸(4~6명) 기준으로 100,000원(주말, 성수기).

❖ 주촌민속마을
🏠 전북 장수군 장계면 논개생가길 21-5
☎ 010-2022-8539(이장)

❖ 방화동가족휴가촌
🏠 전북 장수군 번암면 방화동로 778
☎ 063-353-0855
• 홈페이지 : www.foresttrip.go.kr
장안산 기슭을 따라 펼쳐지는 청정 계곡을 끼고 조성된 가족 휴양지이다. 울창한 수림과 맑은 물이 조화를 이룬 천혜의 자연경관을 형성하고 있어 가족 단위의 휴양지로서 최적지이다. 주요시설로는 오토캠핑장, 야영장, 가족놀이장, 수변피크닉장, 체육시설 등이 있다.

주촌민속마을.
장작을 때 난방을 한다.

고즈넉한 분위기의
주촌민속마을.

즐길 거리

❖ 장수승마체험장
🏠 전북 장수군 장수읍 노하리 284-14
☎ 063-350-1612
생각보다 저렴한 비용(15분 15,000원)
으로 승마를 즐길 수 있다. 체험장 언덕
에 놓인 '트로이 목마'가 볼거리다. 좁은
계단으로 오르면 꼭대기 창문으로 마치
영화파노라마처럼 풍경이 보인다.

❖ 장수군 여행 정보
☎ 063-350-2347(장수군 관광팀)
・홈페이지 : www.jangsu.go.kr/tour

오지성 ★★★☆☆ **난이도** ★★★☆☆

운장산은 원기회복형 여행지이다. 숲 향 진득한 산장에서 오붓하게
모여앉아 좋은 음식을 챙겨 먹고, 계곡에 발을 담그고 정담을 나누는 그런 곳이다.
청정계곡의 품에 안겨 하루 이틀 푹 쉬어보자.

진안에는 자연과 함께 캠핑을 즐길 수 있는 곳이 산재해 있다.

마음까지 정화해주는 청정계곡 **진안 운장산**

노령산맥의 봉우리 중에 으뜸인 운장산

운장산은 호남 노령산맥의 여러 봉우리 중에서 최고로 뽑힌다. 산등성이를 따라서 기암괴석이 이어져 있다. 산 주변에 높지 않은 고만고만한 산들만 있어 정상에 오르면 전망이 확 트인다.

운정산 초입 갈거마을에서 정상으로 통하는 7km 길이의 갈거계곡은 수림으로 쌓여있다. 계곡은 연중 어느 때라도 옥류가 풍족하게 흐른다. 계곡 바로 옆에 도로가 접하고 있어, 차로 정상을 오르면서 아름다운 갈거계곡을 감상할 수 있다. 계곡에 자리잡은 큼직한 바위들의 품새가 다들 예사롭지 않다. 양반댁 마당같이 널찍하게 뻗은 '마당바위'는 자연 수목과 조화를 이루어 멋진 풍광을 연출한다. 계곡 옆으로는 고목과 산죽들이 늘어서 있다. 물 좋고 공기 좋아 버섯과 인삼 등이 잘 자란다.

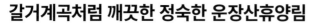

계곡 따라 휴양림 가는 길. 시원한 계곡물이 발등을 넘어 흐른다. 투명하게 비친 발을 보니 기분까지 산뜻해진다.

갈거계곡처럼 깨끗한 정숙한 운장산휴양림

야영장 옆으로 청정 갈거계곡이 흐르고 있다. 맑고 시원한 계곡에 몸을 담그면 시원하다 못해 한기가 엄습한다. 야영장 위쪽으로 복두봉(1,017m)까지 등산로가 나 있다. 정상까지는 못 가더라도 자신의 체력에 맞게 간단한 산행을 즐겨보자.

운장산휴양림야영장은 국립자연휴양림관리소가 운영하여 숙소, 화장실, 개수도 등 시설물 등이 잘 관리되고 있다. 운

장산 골짜기를 따라 흐르는 약 7km 거리의 갈거계곡을 따라 야영장이 조성되어 숲과 계곡 속에서 야영을 즐길 수 있다. 갈거계곡은 불과 수십여 년 전만 해도 화전민들이 모여 살았던 오지 계곡으로, 깊고 크며 맑은 물이 사시사철 흘러 내리는 청정 골짜기다.

야영장은 운장산자연휴양림 가장 위쪽인 복두봉 등산로가 시작되는 곳에 있으며, 제2주차장이 야영장 근처에 있어, 짐을 옮기는 것에 대해서는 그리 걱정할 필요가 없다. 오토캠핑을 즐길 수 있을 만큼 주차장과 데크가 가까운 곳도 있다. 숙박시설은 26개가 있고, 그중에 '숲속의 집'은 4~9인실로 이름내로 수림이 무성한 숲속에 독채로 떨어져 있다. 자연에 동화된 동화같은 숙소를 찾는다면 여길 추천한다.

세끼가 바쁜 진안의 먹거리

진안은 토종 흑돼지를 이용한 음식을 추천한다. 흑돼지 구이, 흑돼지 보쌈 등의 흑돼지 요리와 새끼돼지 찜인 애저요리까지 다양한 흑돼지 요리를 맛볼 수 있다. 또 청정계곡에서 잡은 다슬기탕과 쏘가리 요리도 별미이고 진안고원에서 캔 더덕과 버섯, 산나물 등을 넣은 산채비빔밥도 맛있다. 3월 중순에는 뼈에 좋은 고로쇠 축제가 열리는 기간이다.

운장산 자연휴양림
'숲속의 집'.

운장산 자연휴양림
캠핑장.

여행 정보

숙소

❖ 운장산자연휴양림
🏠 전북 진안군 정천면 휴양림길 77
☎ 063-432-1193
• **예약** : 홈페이지 국립자연휴양림(www.huyang.go.kr) → 전북 → 운장산자연휴양림

❖ 죽도 노지
🏠 전북 진안군 진안읍 가막리 73-3
이 장의 가장 먼저 보이는 사진의 장소가 '죽도' 노지이다. 가는 길이 다소 복잡하지만, 명시된 주소로 찾으면 된다. 사회적 거리 두기 방침에 따라 수시로 폐쇄되는 경우가 있으니 미리 염두에 두어야 한다.

볼거리

❖ 마이산
🏠 전북 진안군 마령면 마이산로 130
☎ 063-430-8753
진안의 최대 볼거리는 기묘한 모양을 가진 마이산이다. 암마이산과 수마이산, 두 개의 봉우리가 서 있는 모습은 멀리서 봐도 재미있다. 일일이 돌을 쌓았다는 마이산 탑사의 돌탑도 둘러보자.

❖ 용담호
🏠 전북 진안군 정천면 모정리 산183
　정천면 방향의 동산
용담호는 진안군 5개면을 수몰시키고 만든 대형 담수호이다. 삶의 터전이 아쉽게 사라졌지만, 용담호은 순환도로가 생겨 새로운 관광명소로 각광 받고 있다. 정천면~용담면~본 댐으로 이어지는 도로는 환상적인 드라이브 코스인데, 서쪽에 있는 정천면 방향의 동산이 가장 경치가 좋다.

❖ 부귀 편백숲 삼림욕장
🏠 전북 진안군 부귀면 거석리 산89번지
☎ 063-430-2443
운장산자연휴양림보다 조용하다. 24,000여평 부지에 수령이 40년 이상의 편백나무들과 학습장, 산책로가 조성되어 있다. 운장산자연휴양림과 20km(차로 30분) 거리다.

❖ 원연장 꽃잔디마을
🏠 전북 진안군 진안읍 원연장1길 21-1
☎ 070-8860-3861
후손들이 선산을 꽃으로 꾸며놓아 꽃잔디동산으로 만들었다. 봄부터 여름까지 이곳에 가면 너무도 예쁜 꽃길을 걸을 수 있다. 특히 4월 중순부터 1달 동안 꽃잔디축제가 열린다. 입장료는 3,000원이다.

먹을거리

❖ 진안 샘터가든
🏠 전북 진안군 진압읍 중앙로 99
☎ 063-433-2989
진안의 8미 중 하나인 흑돼지삼겹살을 맛볼 수 있다.

❖ 진안마을한정식
🏠 전북 진안군 진안읍 외사양길 35
☎ 063-433-0100
생선만 빼고 진안에서 나는 산나물과 식재료로 맛을 냈다. 산채비빔밥은 보기만 해도 군침이 돈다.

윤선도가 제주에 가는 길에 심한 태풍을 맞아 피했던 곳이 바로 이곳,
완도의 보길도라고 한다. 잠시 머물렀던 것이 아니라 그렇게 10년을 살았다고 하니,
과연 아름다운 섬이었지 않았을까 싶다.

보길도는 청정해변과 동백나무 숲이 어우러져 비경을 선사한다.

꿈속의 요람 **완도**
보길도

윤선도가 사랑한 보길도

조선 중엽 병자호란으로 인조는 청에 무릎을 꿇었고, 모함과 당쟁이 난무했다. 혼탁한 세상에 등을 돌린 문인 윤선도는 보길도로 흘러든다. 윤선도는 '어부사시가'를 통해 속세를 벗어난 어부의 생활을 우리말로 노래했다. 바로 보길도가 '어부사시가'의 실제 배경이다. 보길도의 유적지인 세연정, 낙서재, 동천석실 등은 윤선도가 터를 가꾸고 노래를 불렀던 장소이다. 세연정은 창덕궁 부용정, 담양 소쇄원과 함께 조선 정원의 최고봉으로 뽑힌다. 낙서재는 주거공간으로써 윤선도가 처음 올린 집으로, 그는 여기서 생을 마감했다. 동천석실은 가장 풍광 좋은 절벽 위의 정자로 휴식할 수 있는 공간이다.

이렇게 보길도는 난대림, 청정해변과 같은 여러 볼거리뿐만 아니라 흥미로운 역사 이야기도 담겨 있는 곳이다. 아름다운 풍경과 함께 유적답사를 하며 심신 휴양을 함께 할 수 있다.

깨끗한 바닷물에 청량한 파도 소리까지
공룡알해변

보길도 공룡알해변은 진짜 공룡알로 이뤄진 것은 아니고 크고 둥근 청명석 갯돌로 해변이 이루어져 있다 하여 이런 이름이 붙었다. 여타 지역의 몽돌해변에 있는 몽돌들이 둥글둥글 앙증맞은 작은 크기에서부터 어른 주먹만 한 크기인

청량한 파도 소리에
동백나무 잎이
흔들리는 듯하다.

것에 비해, 보옥리 공룡알해변의 몽돌은 둥글둥글한 갯돌이 정말 공룡알만큼이나 크다.

공룡알해변은 남해중에서도 물이 맑은 것으로 소문난 완도 최남단에 자리 잡고 있다. 맑은 바닷물에서의 해수욕도 즐겁고, 파도가 칠 때마다 바스락거리는 갯돌의 청량한 소리도 더욱 흥을 돋운다. 저녁에는 동백나무 숲에서 별을 보면서 야영을 즐길 수도 있다.

공룡알해변 옆에는 보죽산(뾰족산)이 있는데 봉우리의 전망이 기가 막힌다. 산 초입부터 동백나무가 촘촘히 뻗어 있어 더할 나위 없이 멋진 풍경을 볼 수 있다. 195m의 낮은 산이지만 산세가 뾰족하여 오르기 만만치 않다. 보죽산(195m) 정상에 오르면 눈앞에 펼쳐진 남해와 끝없이 펼쳐진 수평선, 그리고 아스라이 보이는 추자도와 제주도의 한라산이 장관을 이룬다.

또한 공룡알해변이 있는 보옥리 근처의 땅끝전망대에서는 다도해의 그림 같은 풍경과 일몰이 펼쳐져 황홀경을 자아낸다.

동백숲에서 즐기는 캠핑.

동백나무와 함께 자는 공룡알해변 야영지

공룡알해변 야영지는 보길도의 남쪽 끝자락에 있는 해변 야영지다. 캠핑 사이트를 구축할 수 있는 장소인 동백나무 숲은 수령이 200~300년이 넘고 높이는 7m 이상으로, 도심에서 키 작은 동백만 보아온 이들의 탄성을 자아낸다. 특히 2월부터 4월까지 동백꽃이 피면 장관을 이룬다. 숲 주변에는 관광객용 벤치가 있어 앉아서 바다를 조망할 수도 있다.

공룡알해변이 속한 곳은 다도해국립공원 지역으로, 해변의

공룡알해변의
야영지는 신기한
몽돌과 동백숲이
어우러진 멋진
장소이다.

갯돌을 들고 나오거나 훼손해서는 안 된다. 해변을 훼손하면 과태료를 물 수 있다.

검은갯돌 예송리해변

검은 바둑돌이 깔린 예송리해변은 섬 동쪽에 있다. 세연정에서 중리해변을 지나 10분 정도 거리에 있다. 해변 쪽으로 가는 길에 있는 예송리전망대에 오르면 완만하게 곡선을 그린 해변과 듬성듬성 떠 있는 기섬, 당사도, 소도가 한눈에 들어온다.

바둑판에 검은 돌을 뿌려 놓은 것처럼 해변이 지천이다. 그리고 파도가 몰아칠 때 갯돌 구르는 소리가 운치 있으며 미끈한 검은 돌에 햇빛이 반사되어 별처럼 반짝인다.

1.4km의 아담한 예송리해변은 전연기념물로 지정된 예송리 상록수와 팽나무, 자작나무 등이 한데 모여 병풍처럼 늘어서 있다. 오래전 해풍을 막기 위해 마을 사람이 조성했다. 예송리해변 남쪽 끝단으로 가면 보옥리 공룡알해변까지 연결된 '윤선도 어부사시사 명상길'이 시작된다. 총 5.2km(편도)로 넉넉잡아 왕복 4시간이 걸린다. 절벽길, 산길, 돌계단, 밧줄코스까지 호락호락한 코스는 아니지만 그만큼 경치가 뛰어나다. 이 코스가 부담스럽다면 격자봉만 오르는 코스(왕복 50분)를 추천한다.

보길도는 자전거 라이딩하기에 최적의 장소다.

전복의 고향, 보길도

보길도를 품고 있는 완도는 청정 남해에서 길러낸 전복의 고장이다. 완도에서는 전복으로 못하는 요리가 없다. 회는 말할 것도 없고 찜으로도 먹고 물회로도 먹고 샐러드까지 해서 먹는다. 전복회, 전복찜, 전복회무침, 전복회덮밥 등 전복 요리를 먹어보자. 이 밖에도 청정 완도의 해산물로 만들어낸 해물매운탕과 완도 낙지요리 등도 맛있다.

여행 정보

볼거리

고산 윤선도의 향기가 느껴지는 부황리의 윤선도 유적지는 빼놓지 말고 둘러봐야 하며, 중통리에는 제주도로 유배를 가던 송시열이 들러 글을 남긴 글쓴바위도 있다.

숙소

민박부터 고급펜션까지 다양하다. 중리·예송리·공룡알해변 등 보길도에 골고루 분포되어 있어 취향에 맞게 고르면 된다. 캠핑장은 공룡알해변 야영지가 유명하고, 통리해변, 예송리해변에도 캠핑장이 있다.

❖ 예송갯돌해변

🏠 전남 완도군 보길면 예송리 산 108
　　예송리 해수욕장
☎ 061-550-6621
예송리 해수욕장으로도 불리며, 여름철 해수욕장 개장 시 야영이 가능하다.

보길도 내 도로

보길도의 길은 간단하다. 노화도와 보길도를 잇는 보길대교(12시)에서 시작하여 동과 서로 나뉜다. 서로 가면 망끝전망대(8시), 공룡알해변(7시)을 지나 격자봉(6시)에서 막혔다. 보길대교에서 다시 동쪽으로 가면 송시열 글쓴바위(3시), 예송갯돌해변(4시), 격자봉(5시)이 있고 도로는 다시 격자봉으로 막혀 있다.

도선 정보

노화도와 보길도는 연도교(보길대교)로 연결돼 노화도까지 배로 가고, 노화도에서 내려 보길도까지 차로 갈 수도 있다. 보길도로 가려면 노화도나 보길도, 두 섬 중 아무 곳이나 가는 배를 타면 된다. 배는 완도 화흥포항과 해남 땅끝선착장, 두 항구에서 출발한다.

❖ 완도 화흥포항(061-555-1010) → 노화도 동천항
- **운행시간** : 07:00~17:10 / 약 40분 소요
- **요금** : 성인 6,500원, 차량 18,000원

❖ 해남 땅끝선착장(061-535-5786) → 노화도 산양진항
- **운행시간** : 07:30~18:30 / 약 35분 소요
- **요금** : 성인 6,500원, 차량 18,000원

관광 안내

보길도 관광 지도와 도선 시간표는 완도군 홈페이지에서 확인할 수 있다. www.wando.go.kr/tour/theme

오지성 ★★☆☆☆ **난이도** ★★☆☆☆

63개의 섬이 모여 있는 고군산군도의 섬, 선유도. 물이 맑아 해양 레저를 즐기기에 좋고, 갯벌에서 조개도 잡을 수 있다. 그리고 군산의 대표 걷기 여행길까지. 스트레스를 풀고 싶다면 아름다운 섬이 모여 있는 선유도로 떠나보자.

선유도는 '유유자적'이라는 말이 섬으로 태어난 듯하다.

심신이 살찌는 힐링공간 군산
선유도

고군산군도의 섬, 선유도

선유도는 낯익은 이름이지만 한강이 아니라 고군산군도의
섬을 말한다.

군산 서해에 63개의 크고 작은 섬이 올망졸망 모여 있는데
이를 '고군산군도'라고 한다. 그중 선유도의 해변과 산세가
신선이 거닐 만큼 아름답다고 해서 선유도(仙遊島)라고 부
른다. 선유도는 군산시에서 남서쪽으로 약 50km 떨어진 곳
에 있는 작은 섬이다.

고군산대교가 개통되면서 선유도, 대자도, 장자도, 무녀도
의 4개 섬이 연결되어 여행객들이 방문하기에 한결 쉬워졌

선유도에서의
라이딩은 막힘이
없다.

다. 선유도는 어자원이 풍부해 바다낚시나 스킨스쿠버 등의 해양 레저를 즐기기에 좋다. 또한 작은 다리를 건너면 무녀도, 장자도, 대장도를 각각 둘러볼 수 있어 걸어가거나 자전거를 이용해 돌아보는 것도 좋은 방법이다.

1597년, 이순신 장군이 명량해전에서 승리를 거두고 선유도에서 열하루 동안 휴식을 취했다고 한다.

삶의 일선에서 지친 우리 현대인들도 선유도에서 휴식을 취하고 다시 일상으로 돌아가 건승했으면 한다.

바다와 갯벌, 선유도해변

서해의 해안은 갯벌인데 선유도해변은 명사십리해수욕장이라고도 부를 만큼 모래의 질이 좋고 물이 맑아 여름 피서지로 제격이다. 100여 미터를 걸어 들어가도 수심이 어른 허리 정도밖에 차지 않아 아이들을 동반한 가족 단위 여행객들이 찾기에도 좋은 곳이다.

해변 끝에 있는 45m짜리 짚라인을 타보는 것도 추천한다. 바다와 하늘 사이를 날며 선유도와 서해를 한눈에 볼 수 있을 것이다.

해변에 썰물이 찾아오면 갯벌로 바뀌는데, 바지락과 맛조개가 많이 잡히고 1시간 정도면 한 바구니를 채울 수 있다. 잡는 방법은 쉽다. 삽으로 갯벌을 얇게 걷고 구멍에 소금을 뿌린 다음, 조개들이 밀물인 줄 착각하고 고개를 내밀 때 잡아당기면 된다. 맑은 물과 고운 갯벌에 살아서인지 속살이 실하고 탱글탱글하다.

고군산군도 보행길

군산 8개의 도보여행 중 구불 7번 신시도길과 8번 장자도길은 고군산군도를 둘러보는 코스다. 구불 7길은 12.3km로 왕복 5시간이 걸린다. 신시도 주차장에서 시작하여 월영봉, 몽돌해수욕장, 대각산 바닷길을 지난다. 고군산군도의 풍광을 한눈에 볼 수 있다. 구불 8길은 21.2km로 8시간이 걸리며 전국에서도 손꼽히는 코스이다. 선유도, 대장도, 무녀도를 돌아보고 서해의 낙조를 볼 수 있다. 구불 8길의 완주가 부담스럽다면 선유도와 대장도를 돌아보는 코스도 괜찮다.

선유도 곳곳에는 쉴 곳들이 마련돼 있다.

기본 정보

선유도닷컴(www.sunyoudo.com)에
선유도의 숙박과 음식점 소개, 각종 체
험예약 등 여행 정보가 다 모여 있다.

❖ 선유도해변 캠핑장
🏠 전북 군산시 옥도면 선유도리 213-1
해변가에 있는 노지캠핑장이다.

먹을거리

❖ 선유도는 고군산군도에 떠 있는 섬이
기 때문에 신선한 생선회와 조개 등의
해산물이 맛있다. 또 서해에서 잡은 꽃
게로 만든 간장게장과 양념게장도 맛있
다. 선유도의 특산품은 까나리액젓이다.

즐길 거리

❖ 선유도는 오르막길이 거의 없고 평지이다. 자전거를 대
여해주는 곳이 많으니, 섬에서 자전거 라이딩을 즐겨보자.
'선착장~옥돌해수욕장~선유대교~무녀도' 하이킹 코스를
추천한다.

❖ 선유도의 망주봉과 장자도의 사자바위, 할미바위가 볼
만하다. 신시도와 무녀도에는 염전이 있으며 대장도에는
유연수라는 섬 주민이 1만여 점의 수석과 분재를 모아 놓
은 개인 소유의 수석 전시관이 있다.

❖ 선유도 선착장을 지나 해변길이 끝날 때쯤에 조용한
옥돌해변이 있다. 해변은 인절미같이 넓적한 옥돌로 채워
졌다. 특이한 모양새 때문인지 파도가 부딪치면 나는 옥돌
소리가 새삼스럽다.

❖ 수령 300년이 넘는 전나무 숲속에는 고목들이 조각품
인 양 운치를 더해준다. 산새들의 지저귐이 이방인의 혼을
뺏어 갈 듯한 울창한 숲의 터널을 걷다 보면 우측으로 수
림으로 둘러싸인 고찰이 나타난다.

먼 곳으로의 섬 여행을 떠나고 싶다면 해변이 아름다운 도초도를 추천한다.
해변을 따라 걸으며 여유롭게 산책하고, 도초도에서만 맛볼 수 있는 독특한 지역 음식도 함께
즐겨보자. 남해의 멋진 풍경과 신선한 지역 별미는 도초도가 주는 선물이다.

좌우로 펼쳐진 밭이 마치 동행하는 친구 같다.

남해에 숨어 있는 보석 같은 섬 신안
도초도

남도가 내어준 푸짐한 선물, 도초도

목포에서 서남쪽으로 47km, 배로는 50분 걸려 도착하는 도초도는 우리나라에서 13번째로 큰 섬이지만, 비교적 알려지지 않은 보석 같은 곳이다. 도초도라는 이름에서 알 수 있듯이 아직 때 묻지 않은 자연의 아름다움과 순박함을 간직하고 있다. 청정지역에 위치한 이 섬은 다도해 해상국립공원과 유네스코 생물권 보전지역으로 지정되어 있다. 또한 범바위, 용바위 등 숨은 비경이 있어 제주도를 대체할 만한 여행지로 가치가 높다.

해변이 아름다운 도초도는 트레킹이 제격인 곳이다. 또한 바닷가에서 낚시를 즐길 수도 있으며, 생각지도 못한 민물낚시도 가능하다. 수로에서 붕어와 빠가사리는 물론, 가물치도 잡을 수 있다. 자전거로 섬을 돌아보는 재미도 쏠쏠하다.

도초도만의 독특한 음식 맛보기

먹거리가 부족했던 남루한 섬 생활로 인해 독특한 지역 음식이 발달했다. 갯바위에서 난 해초를 꼬챙이로 긁어모아 만든 바웃묵은 갯내음이 진하게 묻어 있다. 게르마늄, 천연 미네랄 등의 영양분이 높은 도초도의 뻘에서 난 낙지는 맛이 연하고 잔내가 없다. 낙지촛국은 시원하게 먹을 수 있는 여름철 별미다. 낙지를 살짝 데쳐서 냉국처럼 각종 채소를 썰어 넣고 고추를 풀어주면 연한 도초도의 낙지 맛을 그대로 느낄 수 있다.

섬을 가득 채운 바람이 갈대를 이리저리 흔든다. 갈대 속의 무덤은 누구의 것일까.

'시목해수욕장
수림대 숲길' 입구.

도초도 명품음식의 비결은 신선한 식재료와 남해 여인네들의 타고난(?) 손맛이겠지만 또 하나를 뽑으라면 바로 청정지역에서 얻은 도초도 천연염이다. 마을 사람들의 표현을 빌리자면 '달짝지근한 소금 맛'이라고 한다. 여행이 끝날 때쯤에 한 말 사서 돌아가는 것도 도초도의 맛과 추억을 오랫동안 즐기는 방법이다.

홍어의 사촌격인 간재미로 만든 회와 초무침도 맛있다. 기회가 되면 도초도 갯벌 근처에서 자라고 있는 함초를 채집해 살짝 데쳐 나물무침을 해보자. 함초는 숙변 제거와 당뇨병 예방에 효과가 좋다.

해변 따라 해송 따라 꿈길을 걷는 듯한 시목해수욕장

시목해수욕장은 도초도의 주요 관광지로서 서남쪽 해안에 위치한다. 백사장 길이는 2.5km, 너비는 100m로 시원스레 뻗어 있다. 반달 모양의 백사장 뒤로 3면이 산과 바다라서 마치 병풍을 두른 듯한 포근한 분위기가 느껴진다. 그리고 바닷물이 깨끗하여 산골 시냇물처럼 바닥이 훤히 보인다. 경사도 완만해서 가족 피서지로 적합하다. 시목해수욕장 인근 수림대숲길은 해송과 산복나무가 쭉 뻗어 있어 자연을 느끼며 산책하기에도 좋다.

시목해수욕장 캠핑장을 가보면 캠핑장 전체를 덮고 있는 부드러운 잔디에 눈길이 갈 것이다. 여타의 캠핑장 잔디들이 많은 사람으로 인해 잘 자라지 못하는 데 반해, 시목해수욕장 캠핑장의 잔디는 잘 자라서 이곳을 찾는 캠퍼들에게 푸르른 싱그러움을 안겨준다. 고생 끝에 찾아간 도초도 시목해수욕장 캠핑장을 이용하지 못하게 되었다면, 바로 앞 해변에 텐트를 치는 것도 고려해볼 만하다. 해변에서 캠핑할 때는 차를 주차해놓고 20~30m 정도 짐을 옮겨야 한다. 뙤약볕을 막아 줄 타프를 준비하자.

여행 정보

숙소

❖ 시목해수욕장 캠핑장
🏠 전남 신안군 도초면 시목길 290
☎ 061-275-1339
시목해변에는 현대식으로 깔끔하게 지은 펜션과 저렴하게 숙박할 수 있는 민박이 10여 개 정도 있다.

먹을거리

❖ 보광식당
🏠 전남 신안군 도초면 불섬길 85-12
☎ 061-275-2136
간재미초무침, 간재미회, 산낙지, 낙지냉연포탕 등과 손맛나는 밑반찬을 맛볼 수 있다.

오지성 ★★★★☆　**난이도** ★★★★☆

해변에서 지는 아름다운 노을을 바라보고 싶다면 신안 비금도로 떠나보자.
해질녘 노을은 하나의 수채화 작품을 보는 듯하다.
간재미와 섬초 요리도 비금도만의 별미이다.

비금도와 목포를 왕복하는 페리.

해넘이가 황홀한 풍경을 만드는 **신안**
비금도

바다의 맛과 멋을 즐기는 비금도

목포항에서 뱃길로 54km 떨어진 비금도는 신비한 기암절벽과 아름다운 해변으로 둘러싸여 있다. 하늘에서 섬을 내려다보면 날개를 펴고 나는 독수리를 닮았다 하여 비금도(飛禽島)라는 이름이 붙여졌다. 본래 여러 개의 섬이었으나 25번의 간척사업으로 인해 현재는 하나의 비금도가 되었다. 간척하면서 메꾼 뻘은 현재 염전, 논 등으로 사용되고 있다. 비금도의 염전은 나트륨 함량이 낮고 미네랄이 풍부해 맛이 좋기로 유명하다. 또한 비금도의 해변과 염전이 함께 어우러진 노을 풍경은 여행자들 사이에서 으뜸으로 손꼽힌다. 해질 녘 염전을 바라보면 노을과 구름이 염전 소금물에 반영되어 마치 아름다운 수채화를 보는 듯한 느낌이 들 것이다.

하늘이 주황색
물감으로 물든
듯하다.

명사십리해변과 하트해변

비금도 주변에는 6개의 해변이 있는데 그 중에서도 명사십리해변과 하트해변이 아름답다.

우선 섬의 북쪽에 있는 해변이 명사십리해변이다. 명사십리는 고운 모래가 10리(4km)를 펼쳐 있다고 해서 붙여진 이름이다. 전국에 명사십리가 몇 되지만 여기만 한 곳은 없다. 해변 쪽에는 커다란 바람개비 모양의 풍력발전기가 있는데 이국적인 느낌과 몽환적인 명사십리해변의 분위기가 잘 어울린다. 이곳 해변에서 바라보는 해넘이는 정말 아름답다. 이글거리는 태양이 바닷속으로 빨려 들어가면 바라보는 사람들조차 바다로 같이 빨려 들어가는 듯 황홀해진다.

외국영화에서 자동차로 바닷가를 달리는 장면을 보고 똑같이 달리고 싶은 강한 충동을 느꼈다면 명사십리해변에서 해

자세히 보면
하트 모양의
해변이 보인다.

보길 바란다. 해변의 모래가 곱고 단단하여 차가 지나가도
빠지지 않는다. 다만 타 여행객과 주변 분위기를 감안하고,
운행 후에는 하부세차를 잊지 말자.

다음은 서쪽에 있는 하트해변이다. 원래 이름은 하누넘해수
욕장인데 한 신문기자가 해안선이 '하트'와 닮았다고 기사를
쓴 이후 '하트해변'으로 많이 알려졌다.

하트해변으로 향하는 도로는 구불구불 돌아가는데 도로마
저 '사랑으로 향하는 길'을 닮은 듯하다. 전망에 올라 노을
과 하트해변을 보며 사랑 고백을 하는 이들이 있다. 섬, 노
을, 하트해변, 사랑고백. 일단 4박자가 갖춰지니 어지간해서
는 골인이겠다.

하트해변의 하트
조형물 앞에서
시그니처 포즈인
하트를 그리며
사진을 찍자.

뽀빠이 섬마을

오래전 만화라 한마디 덧붙이자면, 뽀빠이는 시금치를 먹으면 힘이 솟는다. 시금치는 비타민, 철분, 식이섬유 등의 각종 영양소가 가득한 채소이니 힘이 솟을만하다. 비금도는 시금치로 유명한데 이곳 시금치를 '섬초'라고 부른다. 섬 바람을 이겨내고 갯벌의 개간한 흙에서 영양분을 취한 섬초는 다른 시금치보다 두텁다. 이곳에서는 섬초 된장국이 굉장한 별미로, 3초를 삶아도 흐물거리지 않고 본연의 식감을 유지한다. 비금도에서는 섬초전, 섬초초무침 등 섬초를 다양한 요리로 맛볼 수 있다.

또한 비금도는 철 따라 올라오는 싱싱한 해산물이 맛있다. 간재미, 갑오징어, 장어와 꽃게, 병어 등 푸짐하고 신선한 회를 추천한다. 신안이 주 원산지인 홍어는 기회가 있으면 꼭 먹어보자. 덜 삭힌 것을 요구하면 그리 맵지 않다. 홍어회를 먹지 못한다면 홍어삼합이나 홍어의 사촌격이라 할 수 있는 간재미초무침이라도 먹어보길 권한다. 이곳의 봄철 간재미가 최고로 맛있다.

비금도의 해변을 즐기기에는 여름이 딱 좋은 시기지만 비금도의 맛을 제대로 느끼려면 섬초와 간재미가 제철인 봄, 가을을 추천한다.

푸른 섬초는 보기만 해도 건강을 얻는 느낌이다.

볼거리

❖ 대동염전

🏠 전남 신안군 비금면 서남문로 200

해방 후 박삼만이 비금도에 천일염 방식을 도입했고, 450여 가구들이 염전조합 '대동염전'을 결성한다. 한국최대의 천일염전이며, 저수지, 증발지, 결정지 등이 잘 어우러져 경관이 아름답다.

❖ 이세돌 바둑기념관

🏠 전남 신안군 비금면 비금북부길 573-1

비금도 출신인 이세돌 9단을 기념하여 폐교를 새롭게 단장했다. 기념관에는 바둑전시실, 이세돌 전시관이 있다. 바둑을 좋아한다면 천천히 둘러볼 만하다.

❖ 우실

돌로 쌓은 마을의 울타리라는 뜻으로, 바람을 막아 농작물의 피해를 줄이고자 설치했다. 하트해변 쪽 내촌마을에서 주로 볼 수 있다.

먹을거리

❖ 동천농원

🏠 전남 신안군 비금면 비금북부길 839

☎ 061-262-3031

서대는 주로 회로 많이 먹지만, 이 식당에는 큼직한 걸 따로 골라 서대탕(4인

비금서부천주교회. 섬마을과 어울리는 예쁜 교회이다. 정말 아름다운 건물이니 꼭 방문해보길 권한다.

분, 50,000원)으로 먹는다. 부드럽고 고소한 맛이 특징이다. 간단한 식사로 추어탕과 순댓국이 있다.

❖ 한우나라식육식당

🏠 전남 신안군 비금면 읍동길 30-35

☎ 061-275-5758

백반전문, 갈비탕, 삼겹살 등이 주메뉴다. 그중에 밴댕이로 맛을 낸 청국장이 맛있다.

즐길 거리

해변에서 물놀이를 즐길 수 있고, 섬에서 자전거를 타거나 낚시를 해도 좋다. 특이한 것은 섬인 이곳에서 의외로 붕어나 가물치 등 민물낚시가 잘 된다는 것이다. 바다 근처의 섬 주민들은 으레 바다낚시를 할 것으로 생각하지만, 비금도·도초도는 농사를 짓기 위한 수로가 잘 발달해 있어 가물치나 붕어 낚시가 잘 된다.

숙소

❖ 비금도 원평해변 캠핑장

☎ 061-271-8605

여름 성수기를 제외하면 사람들이 찾지 않아 여유롭다. 화장실, 샤워실, 취사장 등의 편의 시설을 모두 완비했고, 사이트는 총 100개이다.

교통편

비금도와 도초도는 연도교로 연결되어 있어, 비금도 가산선착장, 비금도 수대선착장, 도초도 화도선착장 중 어느 곳에 내려도 된다. 비금도·도초도를 가려면 목포항에서 출발하는 쾌속선(차량 도선 불가)을 이용하고, 차량을 가지고 넘어가려면 목포항에서 출발하는 일반선이나 목포북항에서 출발하는 철부선을 이용해야 한다. 여객선 운항은 수시로 바뀌기 때문에 미리 확인하자.

❖ 목포항 연안여객선 터미널

☎ 1666-0910

• **홈페이지** : mokpo.ferry.or.kr

살기에 편안하고, 안전한 선박이 가능해서 붙인 이름 안도,
신선이 노니는 섬이라고 불리는 금오도.
두 섬 모두 이름만 들어도 마음이 놓인다.

안도리해수욕장에는 차량 가까이 텐트를 칠 공간이 있다

일출이 장관을 펼치는 **여수**

안도와 금오도

마음이 '안도'되는 안도

여수 금오도의 안도해변은 여수에서 배를 타고 1시간 30분 정도 들어가야 있는 안도라는 작은 섬의 동쪽에 있는 해변이다. 안도해변은 순수 캠핑을 즐기는 캠퍼들 중에서는 아는 사람이 적지만 낚시를 좋아하는 강태공 캠퍼들에게는 잘 알려진 곳이다. 1년 내내 4계절 바다낚시가 가능하고 특히 돔류의 물고기들이 많이 잡혀 강태공들이 좋아한다.

안도해변의 백사장은 길이가 300m, 폭이 약 20m 정도이며 확 트인 바다에서 파도에 밀려오는 하얀 모래가 매우 좋아 '백금포해수욕장'이라고도 불린다. 수심은 여느 남해의 해변과는 달리 2~3m가 되는 곳도 있어 아이들은 주의가 필요하다. 화장실, 샤워장 등의 편의시설을 갖추었고 최근에는 일출이 멋진 해변으로 알려져 있다. 금오도에는 해안에 접한 50m 내외의 벼랑을 따라 조성된 비렁길이 있다. 해안 단구의 벼랑에 세워진 목재 난간과 데크를 걷노라면 머리가 쭈뼛해지고 가슴이 쿵쾅거린다.

금오도와 안도를 연결하는 안도대교가 개통되면서 차량을 가지고 금오도로 들어가는 오토캠핑급의 캠핑이 가능해졌다. 안도해변에서 멋진 일출을 보며 정겨운 남도의 향을 느껴보자.

여수 금오도는 비렁길이라는 명칭의 걷기길을 조성했다.

짙은 숲의 청정의 섬, 금오도

금오도는 안도의 형님섬이다. 섬의 생김새가 금빛 나는 자라를 닮았다고 해서 금오도(金鰲島)라 불린다. 1800년대 후

반만 해도 사람이 살지 않았고 숲이 짙어 검정색으로 보여 거무섬으로도 불렸다. 그만큼 자연 그대로의 모습을 잘 보존하고 있어 여수 앞바다의 쟁쟁한 섬들 중에서도 자연경관은 으뜸이다.

비금도의 제일 볼거리는 기암괴석의 절벽과 울창한 숲, 그리고 맑은 바다이다. 트레킹 코스로 개발된 '비렁길' 코스를 타고 둘러볼 수 있다. 가장 인기 있는 코스는 1코스와 3코스이다. 1코스는 '함구미~두포'로 2시간이 소요된다. 가장 풍광이 좋은 미역널방 전망대를 지난다. 3코스는 '직포~학동'을 통과하며 1시간 반 정도가 걸린다. 다소 숨차는 구간이 있지만 적당히 쉴 곳이 많아 완급조절이 가능하다. 절벽 위에 놓인 흔들다리 '비렁다리'에 서면 아찔함과 시원함을 동시에 느낄 수 있다.

바다내음 가득한 해풍과
풍부한 일조량을 받으면 자란 방풍나물

방풍나물은 예로부터 중풍과 당뇨에 좋다 하여 약재로 쓰였다. 절벽에 시식하던 방풍나물을 밭에 내려 지금은 절임 채소로 해 먹는다. 방풍나물로 만든 국수면에 전복, 새우 등 해산물을 끓인 육수를 넣어 먹는 방풍전복칼국수도 여기서만 맛볼 수 있는 별미다. 빛깔 푸른 면발과 바다내음이 담긴 육수를 쭉 한번 들이켜자 섬 한 바퀴 구경은 다 한 듯하다. 방풍과 해산물 넣어 만든 방풍전도 별미다.

방풍나물 외에도 금오도를 포함 여수지방에는 '샛서방고기'가 별미다. 워낙에 맛있어서 남편에게는 주지 않고 애인인 샛서방에게만 준다고 생긴 이름이다. 샛서방고기의 정체는 딱돔 종류인 금풍생이. 이 금풍생이 구이가 샛서방고기다. 또 가자미와 비슷한 서대를 무친 서대회는 달콤새콤한 맛으로 사람들을 유혹한다. 금오도와 안도는 한적한 섬이지만 별미를 다 맛보기에 분주한 섬이다.

둘러 보는 것도
좋지만 맛있는
여수지방의 음식도
잊지 말자.

금오도의 비렁길
가까이 있는
지압길.

폐교를 리모델링한 금오도캠핑장

학생이 줄어 폐쇄된 초등학교를 캠핑장으로 리모델링했다. 캠핑장에서 금오도 앞바다가 보이고 아침에는 아름다운 일출이 보인다. 무엇보다 예쁜 잔디와 화단은 가족단위 캠핑족들에게 더욱 안성맞춤이다. 깔끔하게 정리된 데크, 단출한 살림이 준비되어 있어 캠핑장비가 없어도 되는 글램핑, 교실을 편안하게 꾸민 게스트하우스 등 입맛과 취향에 맞게 고르면 된다. 주민들이 운영하는 바다체험도 한번 해볼 만하다. 바다 낚시, 요트 투어, 스노클링, 스킨스쿠버 등 해양레저와 방풍나물 채취 등 다양한 체험이 10,000원부터 준비되어 있다.

전라도 **355**

숙소

❖ 금오도 캠핑장
🏠 전남 여수시 남면 대유길 36-2
   유송초등학교
☎ 010-7190-1944
최근 입소문을 타서 최소 2~3달 전에 예약을 서둘러야 한다.

❖ 안도해변 캠핑장
🏠 전남 여수시 남면 안도리 250
☎ 061-690-2114
한적한 해변이지만 화장실, 세면대 등 기본시설은 갖췄다. 동쪽이라 멋진 일출을 볼 수 있다.

❖ 금오도 바다정원펜션
🏠 전남 여수시 남면 금오로 166
☎ 010-3832-2602
비렁길코스에 위치하여 금오도 앞바다가 시원하게 보인다.

❖ 금오도 별밤지기펜션
🏠 전남 여수시 남면 내외진안길 19
☎ 010-7176-0368
건축가가 직접 지은 예쁜 목조건물과 인테리어가 돋보인다. 초록잔디와 평상은 덤이다.

먹을거리

❖ 방풍전복칼국수
🏠 전남 여수시 남면 금오서부로 452-1
☎ 061-4222-0564
방풍전복칼국수와 방풍해물전 딱 두 가지만 판다. 비렁길 1코스가 끝나는 곳에 있다.

❖ 할매맛집
🏠 전남 여수시 남면 금오로 874
☎ 061-666-6933
서대회무침이 유명하다. 막 썰어 넣은 회와 고소한 참기름 그리고 주인장의 손맛이 어우러져 여름철 입맛을 당긴다.

❖ 상록수식당
🏠 전남 여수시 남면 금오로 854
☎ 061-665-9506
회정식(4인, 100,000원)을 주문하면 우럭, 갑오징어, 멍게 소라, 전복 등 한 상 가득 나온다.

도선 정보

금오도와 안도로 들어가는 육지의 관문은 여수시 교동에 있는 여수여객선터미널과 여수시 돌산읍에 있는 신기항, 이렇게 두 곳이다. 금오도는 섬이 크고 인구가 많아 배편이 많고 항구 또한 섬 전체에 여러 곳이 있다.
가장 대표적인 여천선착장을 비롯해, 함구미, 우학, 송고, 서고지, 안도 등이 금오도와 안도에 있는 선착장 이름이다. 운항선사와 도착 선착장마다 요금과 소요 시간이 다르니 행선지를 정해 사전에 알아보자.

❖ 여수여객터미널 → 금오도
(화신해운 : 061-665-0011)
왕복 7회, 약 1시간 소요
• **성인 기준 요금** : 9,550~12,100원

❖ 신기항 → 금오도
(한림해운 : 061-666-8092)
왕복 7회, 약 35분 소요
• **성인 기준 요금** : 5,600원

사랑의 섬, 연인의 섬, 밖다리섬, 외로운 달동네…
외달도는 불리우는 이름이 많기도 하다.
그만큼 많은 사람들이 사랑하는 섬이기 때문일 것이다.

외달도에 입도했음을 알리는 아치형 구조물과 귀여운 섬 강아지.

사랑하기 좋은 섬 목포
외달도

외롭게 떨어진 외달도

외달도는 목포에서 6km, 뱃길로 50여분 거리이다. 만선을
채운 고깃배를 맞이하는 목포의 개선문, 목포대교를 지나
달리도, 율도를 거쳐 작고 고운 섬, 외달도에 다다른다.

외달도는 바다 가운데 외로운 달동네 같다 하여 붙여진 이
름이다. 달리도의 바깥쪽에 있다 하여 '밖다리섬'이라고도
부른다. 쓸쓸한 섬 이름답지 않게 섬은 온화하고 풍족하다.
고요한 섬에는 마을 주민 80여 명이 살고 있다. 한 시간이면
섬 한 바퀴를 도는 작은 섬이다.

외달도의 중심에 선착장이 있다. 왼쪽으로 돌면 바닷물을
끊어 만든 해수풀장이 있고 오른쪽 방향을 따라가면 해수
욕장이 나온다. 평일에는 사람이 없어 운 좋으면 해수욕장
을 무료로 전세 낼 수도 있다. 해변에 원두막이 군데군데 서
있다. 바다에 아이를 풀어 놓고 베이스캠프로 써도 좋고 연
인끼리 마실하듯 섬을 둘러보다 쉼터로 이용하기도 딱이다.
섬 전체적인 분위기는 조용하다. 외딴 섬 외달도에서는 사
랑밖에 할 것이 없다.

펜션에서 단체
숙박 시 마당에
작은 텐트를
추가로 설치했다.

바다를 마당 삼은 외달도 한옥민박

해변의 부드러운 곡선이 한옥 처마로 옮겨 앉았다. 방문을 열고 한 발짝 나서면 대청, 두 발짝이 마당, 세 발짝이 바다이다. 외달도 한옥은 해변 바로 옆에 붙어 새로운 풍경을 보여준다.

이 한옥은 외달도분교 터에 세워졌다. 오래전 섬사람들은 남루한 섬생활을 정리하고 하나둘 밥벌이를 찾아 뭍으로 떠났다. 그리고 외달도분교는 폐교했다. 목포시에서는 외달도를 관광지로 개발하기 위해 분교를 허물고 전통한옥을 정성스레 지었다. 그러다 몇 년 전 한옥의 매력에 끌려 섬사람이되길 결심한 도시인 박광수 씨가 한옥을 인수받아 운영하고 있다. 부지런한 주인장의 깔끔함이 한옥나무 곳곳에 배어광이 난다. 입·퇴실마다 자동차로 선착장까지 배웅을 해주신다. 자칫 단조로울 수 있는 섬여행에 재미를 주기 위해 전통놀이, 갯벌체험, 낚시 등 다양한 즐길 거리도 마련해 놓았다. 외달도 한옥을 찾는 이들의 만족도와 재방문 비율이 높다. 바다를 마당 삼은 외달도 한옥민박을 제2의 마음의 고향으로 삼아도 좋을 듯하다.

넓은 바다가
통째로 한옥의
마당이 된다.

이름도 예쁜 별섬과 그밖에 볼거리

외달도 앞바다에 반짝이는 별이 있다. 하늘에서 보면 별모양이라고 해서 별섬이라고 한다. 물이 빠지면 걸어서 들어갈 수 있다. 갯바위 사이로 고동, 소라가 촘촘히 박혀 있다. 운 좋으면 멍게도 한 번씩 보여 가족들과 재미삼아 자연체험을 하기에 좋은 곳이다.

별섬과 재미에 빠져 고립될 수도 있으니 섬주민이나 숙박집 주인에게 밀물과 썰물시간을 확인하자.

해수욕장과 수영장이 만난 해수풀장이 외달도에 있다. 외달도 해변을 바라보며 수영장에서 바닷물 놀이를 즐길 수 있다. 작은 섬에 있는 시설이지만 규모가 꽤 크다. 어린이용, 성인용, 대형, 총 3개의 풀장을 갖췄다. 목포시에서 직접 운영하여 입장료도 저렴하다(어른 3,000원, 어린이 2,000원).

이 밖에 해안선을 따라 놓인 데크를 걸으며 외달도를 한 바퀴 둘러볼 수 있는 외달도 해안산책로, 썰물 때만 직접 만나볼 수 있는 사랑의 등대, 운 좋으면 횟감을 얻을 수 있는 바다낚시 등 외달도는 사랑하는 이와 즐길 게 많다.

외달도의 싱싱한 병어 매운탕은 별미 중 별미다.

먹을거리

❖ 촌장민박횟집

🏠 전남 목포시 외달도길 38

☎ 061-262-3251

❖ 해성식당

🏠 전남 목포시 외달도길 21-4

☎ 061-262-5979

두 식당 모두 특산품인 전복요리(찜, 회)와 바다회 그리고 간단한 백반 식사가 가능하다. 시중의 전복은 보통 1~2년산이지만, 외달도는 5~6년을 키워서 출하한다. 그만큼 전복의 품질에 자신 있다. 가격이 비싼 게 조금 흠이다.

볼거리

❖ 외달도 해수풀장

🏠 전남 목포시 달동 외달도길 72

☎ 061-261-5001(개장기간만 운영),
    061-270-8598(목포종합관광안내소)

• **입장료** : 대인 3,000원, 소인 2,000원

해수풀장 옆에 조성한 풀밭에서 무료로 캠핑할 수 있다. 해수욕장에서도 캠핑이 가능하나, 두 곳 모두 해수욕장 개장기간에는 취사가 안 된다.

숙소

❖ 외달도한옥민박

🏠 전남 목포시 외달도길 28

☎ 010-7257-7597

• **홈페이지** : www.oedaldo.co.kr

• **요금** : 비파정(2인실) 100,000원,
    삼학정(4인실) 150,000원,
    목련정(독채, 6인) 350,000원

바비큐, 식사 등은 별도 요금을 내면 이용 가능하다.

교통편

❖ 대중교통

수도권에서는 목포행 기차 이용이 편하다.

목포역, 목포종합터미널 → (택시 3,000~6,000원) → 목포여객선터미널 → (배) → 외달도

외달도는 작은 섬이고 도보이동 가능하므로 여객선터미널에 주차(무료)하는 것이 좋다. 자동차 선적비는 왕복 50,000원 선이다.

❖ 도선 정보

매일 왕복 4회 운행하고, 성수기에는 11회로 증편운행한다(신진해운 061-244-0522).

• **홈페이지** : '가보고 싶은 섬' 홈페이지에서 예약할 수 있다(island.haewoon.co.kr).

• **요금** : 대인 5,850원, 소인 2,900원(신분증 필수)

구분	목포 → 외달도	외달도 → 목포
1항차	07:00	07:55
2항차	10:30	11:25
3항차	13:30	14:25
4항차	16:30	17:25

아름다움과 넉넉함을 느껴보는 # 구례
섬진강

구례 찬가

오지 여행의 명당요건은 느긋하되 볼 게 많아야 하고, 인파는 한적하되 먹을 게 풍족해야 한다. 어쩔 수 없이 사람이 있는 곳이라면 인심이 좋아야 한다. 조선 실학자 이중환은 택리지에서 구례를 '삼대삼미(三大三美)의 고장'이라 했다. 지리산, 섬진강, 구례평야가 '삼대'이고, 아름다운 경관, 넘치는 곡식, 넉넉한 인심이 '삼미'이다. 구례의 위쪽으로는 넉넉한 육산 지리산이 서 있고, 옆으로는 섬진강이 가로질러 흐른다. 가을에도 모나게 춥지 않아 여행지로는 이만한 곳이 없다. 구례 오일장은 3일과 8일에 열린다. 구례 오일장은 예로부터 하동의 화개장터와 함께 영호남의 장꾼들이 만나 물건을 사고팔던 곳이다. 지금도 경남 하동과 곡성, 남원 등지에서 각종 산나물과 들나물, 약재, 해산물 등을 싸 들고 올라온 사람들로 붐빈다. 가격도 저렴하고 품질도 두말할 나위 없다. 만물을 갖다 놓은 이곳에 전라도 사투리와 경상도 사투리가 뒤섞인다.

지리산치즈랜드의
전경.

여행 정보

❖ **구례 오일장**
🏠 전남 구례군 구례읍 5일시장작은길 20
☎ 061-781-2644

오지를 찾아 대한민국 최남단 해남 땅끝마을

오지성
★★★☆☆

난이도
★★★☆☆

끝까지 가보자

한반도의 땅끝을 보고 싶은가? 대한민국 영토의 최남단은 마라도지만 한반도의 최남단은 북위 34도 17분 21초에 위치한 해남 땅끝마을이다. 해남은 '땅끝'이란 의미만 갖는 것이 아니라 싱싱한 해산물과 아름다운 해변 그리고 풍광 좋은 숙박시설을 갖췄다. 땅끝은 종착이기도 하지만, 반대로 시작이기도 하다. 쉽게 갈 곳은 아니지만 고생해서 갈 충분한 가치가 있다.

호수를 닮은 땅끝송호해변

해송에 어깨를 기대고 푸른 바다를 한창 바라보면, 어느덧 해송은 오랜 친구처럼 푸근하게 느껴진다.

송호리는 해남에서도 가장 끝단에 있다. 남해를 안은 송호해변은 200년이 족히 넘는 소나무로 둘러싸여 있다. 바닷물은 맑고 모래는 깨끗하다. 수심도 얕아 마치 호수를 보는 듯하다. 송호(松湖)는 해송과 호수를 가리킨다. 땅끝 송호는 일출과 일몰을 동시에 볼 수 있다.

여행 정보

❖ **땅끝송호해수욕장**
🏠 전남 해남군 송지면 송호리
☎ 061-532-8942

맑은 서해 바닷물을 볼 수 있는 신안 자은도

오지성
★★★★☆

난이도
★★★★☆

자애롭고 은혜로운
섬이라고 해서
자은도라고 부른다.

자연의 은혜와 자비 자은도

전라남도 신안 앞바다에 떠 있는 자은도는 숨은 보물 같은
섬이다. 이름도 예쁜 천사대교의 완공(2019년)으로 자은도
는 내륙과 완전히 연결되었다. 접근성이 좋아 최근 관광객
이 늘어 아쉽지만 아름다운 자은도의 비경은 그대로다.

자은도는 에메랄드빛으로 빛나는 바다와 깨끗하고 고운
백사장이 펼쳐 있다. 주변에 자연의 자애와 은혜를 받아
아름다운 풍광을 가진 해수욕장만 9개가 있다. 자은도는
눈만 즐거운 게 아니다. 신안의 보고 자은도 앞바다에는 농
어, 망둥어, 보국치, 새우, 꽃게, 돌게 등 이름도 셀 수 없는
해산물로 넘친다. 한 끼에 해산물 하나만 즐겨도 여행 일정
은 빠듯하다. 조용한 자은도 바닷가에서 휴양형 캠핑을 즐
기기 원하다면 백길해변 캠핑장을 추천한다.

여행 정보

❖ **백길해변 캠핑장**

🏠 전남 신안군 자은면 유각리 산239

☎ 061-271-1004(신안군문화관광과)

쌉싸름한 약초의 향이 배어있는 섬 완도 약산도

진달래공원에는
약산도 특성을
나타내는 염소상도
있다.

영변의 약산? 완도도 약산!

공민왕의 셋째가 병으로 시름하다가 약산도에서 재배한 약초를 먹고 회복했다. 이에 공민왕은 '약산도'라는 이름을 하사했다. 조선시대 때는 관서리 도청이라는 진상용 약초를 관리하는 관청도 있었다. 약산도는 산세가 깊다. 특히 중앙에 위치한 삼문산은 산세가 험한데 여기서 자란 약초들이 진짜다. 약산도 오른쪽에는 해남반도를, 왼쪽에는 고흥반도를 끼고 있으며 청정바다로 둘러싸여 있다. 약산도는 본디 섬이었으나 지금은 육지와 다리로 연결되었다. 덕분에 자동차로 장흥에서 고금도를 지나 약산도로 들어갈 수 있다. 약산도(藥山島)라는 이름이 붙은 것은 예로부터 이 섬에서 삼지구엽초를 비롯해 황련, 구절초, 도라지 등의 약초를 많이 재배해 궁중에 진상했기 때문이다. 약산도 가운데 삼문산이 위치하고 있다. 해발 399m의 삼문산은 완도에 있는 상황봉을 제외하면 남해에서 가장 돋보이는 산이다.

여행 정보

❖ 삼문산진달래공원야영지
🏠 전남 완도군 약산면 득암리 산5
☎ 061-550-5607

경상도

경상북도 울진군 '양원마을'

05

오지성 ★★★★☆ **난이도** ★★★☆☆

환상적인 일몰을 볼 수 있는 화산산성 캠핑장은 해발 700m 고지에 자리 잡고 있다.
군위댐을 마주하고 있고 뒤로는 기암괴석이 자리 잡고 있어서 어느 방향으로도 멋진 뷰를
감상할 수 있다. 붉은 노을을 바라보면 추억 속에 진한 감동이 오랫동안 남는다.

화산산성전망대 '바람의 언덕' 풍차.

멀고도 가까운 오지 군위
화산산성과 화본역

느린 기차여행, 화본역

화본역은 중앙선에 있는 간이역이다. 중앙선은 경부선과 함께 국토를 종단하는 철도로, 일제강점기 말기에 연선 일대의 석탄, 목재 등의 자원 수탈과 군수 전략 물자의 이동을 위해 건설되었다. 적함포의 사정거리를 벗어나기 위해 내륙 쪽으로 건설되었다. 또한 태평양전쟁 직전에 초스피드로 건설하기 위해 최대한 자연지형 그대로 철로를 놓아, 차령산맥과 소령산맥의 험한 산세를 그대로 안고 굽이굽이 지닌다. 오지를 품은 중앙선은 기차여행 마니아들에게는 성지와 같은 곳이다.

청량리역에서 화본역까지 하루 4차례 기차가 다닌다. 불과 1년 전까지 4시간 반이 걸렸지만 최근 중앙선 개량으로 1시간 단축되었다. 화본역은 옛 모습을 그대로 간직하고 있다.

귀여운 색감에 예쁜 삼각 박봉을 가진 화본역.

아담한 역사와 삼각 박봉지붕은 이제 전국에서도 몇 개 남지 않은 간이역의 모습이다. 코레일과 지역주민들은 화본역을 더 오래된 것으로 재단장했다. 역 간판도 요즘의 컴퓨터 글씨가 아닌 사람이 직접 붓으로 썼다. 새로 한 페인트칠로 말끔하게 단장했지만, 페인트 속 나뭇결과 때 묵은 세월은 그대로 느껴진다. 미닫이문을 열고 들어선 역무실에는 오래전 사진과 철도 용품이 전시되어 있다. 사진 소품용으로 역장 모자도 빌려준다. 화본역은 역전보다는 철길 쪽에서 역사를 바라본 쪽이 포토존이다. 오래된 역들은 철길에서 바라보는 관점에서 만들어졌기 때문이다. 역 직원들이 말끔하게 화단을 가꿔놓았다.

화본역 철길 건너편에는 증기기관차에 물을 공급하는 급수탑이 서 있다. 다른 역에도 몇 개 남았지만, 화본역이 깔끔하게 정리되었고 크기도 웅장하다. 급수탑 안으로 들어가면 오래된 낙서와 새로운 전시물들이 맞아준다. 역 한쪽에는 운행 중단된 새마을호 PP동차 2량이 서 있는데 지금은 기차카페로 사용된다.

추억을 걷다. 역전 둘러보기

화본역은 간이역이지만 큰 역광장을 가졌다. 광장에 설치된 안내지도에는 화본역 인근의 여행지를 잘 정리해놓았다. 역전여행을 시작하기 전에 간단한 요기로는 역광장에 꽈배기집이 있다. 한적한 화본역에 줄을 서야 맛볼 수 '명품 찹쌀 꽈배기'는 나름 핫플레이스이다. 꽈배기로 부족하나면 맞은 편 '화본역선분식'에서 산지국수와 심밥으로 허기를 채워보자.

화본역 광장을 나오면 역전상가와 1층 주택이 늘어서 있다. 담벼락에는 삼국유사를 주제로 한 만화캐릭터와 벽화가 그려져 있다.

우측도로로 가면 전국에서 가장 귀여운 예쁜 박봉지붕의 파출소, 인적 드문 동네지만 줄을 서야 먹는다는 화본국수, 커피잔에 노란 달걀이 동동 떠 있을 거 같은 화본다방을 지난다. 화본국수와 화본다방 샛길로 들어가면 1930년대 지은 철도관사가 있다. 전형적인 일본식 건물로 방바닥도 다다미로 되어있다. 현재는 깨끗하게 리모델링하여 민박시설로 운영된다.

다시 길을 돌려 역전과 삼국유사 벽화 거리를 지나면 폐교를 개조하여 만든 '엄마아빠어렸을적에' 추억박물관이 나온다. 주민들이 하나둘 모은 옛 소품들이 전시되었고, 엄마, 아빠가 어릴 적 공부했던 추억의 교실도 그대로 재현하였다. 사진관, 이발관, 전파상, 만화방 등을 보고 있으면 옛 추억과 옛 향수는 강제소환된다. 뒷마당에는 공예, 다도 등 체험 프로그램이 준비되어 있고, 주말에는 지역 주민들이 지역농산물을 파는 작은 장이 선다.

화본역은 2022년 상반기쯤에 중앙선 개량으로 인해 영업종료가 된다. 영업종료 후에도 화본역은 관광객들을 계속 기다리겠지만, 화본역 기차여행은 조금씩 종착역이 보인다.

일몰이 예쁜 바람의 언덕 풍차,
군위 화산산성 캠핑

화산산성은 모토 캠핑(모터사이클과 캠핑의 합성어)과 차박 캠핑으로 유명하다. 바람개비 언덕 위에 눈이 힐링 되는 그림 같은 경치가 펼쳐진다. 전망대와 풍차를 배경으로 일몰 사진과 은하수 사진을 찍기 좋은 명소다.

빨간색 풍차 아름다운 곳은 화장실이 있어 차박을 즐기기에 큰 어려움이 없다. 화산산성에서 풍경이 가장 기가 막히는 곳은 군위댐이 바라보이는 '바람이 좋은 저녁' 오토캠핑

장이다. 이곳은 캠핑장이 아니라 신선놀음장이 아닌가 하
는 생각이 든다. 경치는 전국구 대장으로 꼽는다. 뒤쪽은
기암괴석이 자리 잡고 있고 앞쪽은 군위댐이 바라본다. 어
느 곳이든 좋은 뷰를 자랑하는 곳이기 때문에 이곳은 성수
기가 되면 자리 잡기가 무척이나 힘든 곳이다. SNS 촬영을
위해 일부러 찾는 사람이 있을 정도다.

일몰 뷰는 해발 550m의 각시산이 배경이 돼 더 아름답다.
각시산은 뾰쪽하게 솟은 삼각형 산으로, 조금 더 높은 화
산산성에서 바라보면 입체적인 일몰 장면을 연출한다. 풍차
가 있는 화산산성 전망대에서 경사가 좀 급하기는 하지만
아래쪽으로 잘 나 있는 길들을 거닐면 석양 시 최적의 산책
코스가 된다.

'바람이 좋은 저녁'
캠핑장.

볼거리

❖ 백암온화산마을천

🏠 경북 군위군 삼국유사면 화북리
　산230

화본역에서 자동차로 30분(약 18km)
떨어진 화전민이 만든 마을이다. 화산산
성에는 풍차전망대와 하늘전망대 두 개
가 있다. 풍차전망대 밑에는 주차장이
있어 이동이 편하다. 화본역만 다녀온다
면 기차를 이용하는 편이 낫고, 화산산
성 캠핑장은 자차를 이용 하는 것이 편
하다.

❖ 엄마아빠어렸을적에

🏠 경북 군위군 산성면 산성가음로 722
☎ 053-382-3361
• **홈페이지** : www.hwabon.kr
화본역 인근에 있는 1960~70년대를 재
현한 테마박물관이다.

먹을거리

❖ 화본마을마중

🏠 경북 군위군 산성면 산성가음로 694
☎ 054-382-0727
화본역에서 철도관사로 가는 길에 있다.
저렴하고 깔끔한 분식을 즐길 수 있다.

숙소

❖ 바람이좋은저녁

🏠 경북 군위군 삼국유사면 화산산성길 65
본문에서 소개한 캠핑장이다. 예약은 네이버 카페(cafe.
naver.com/camp600)에 가입 후에 가능하다. 전화나 인
터넷 실시간 예약은 받지 않는다. 조금은 불편하지만, 로
얄뷰를 보기 위해 이 정도 수고는 감수하자.

❖ 철도관사

🏠 경북 군위군 산성면 산성가음로 688-2
☎ 054-382-3361, 010-7700-3025
일본식 철도관사를 리모델링하여 민박용 숙소로 꾸며놓
았다. 3월 초~10월 말까지만 운영되며, 1박(6인 기준)에
50,000원으로 이용료가 저렴한 편이다.

❖ 자연닮은치유농장

🏠 경북 군위군 삼국유사면 화산산성길 65-1
☎ 010-7712-8290
화산마을 꼭대기에 있는 황토 너와집으로 민박이 가능하
다. 장정 두 명이 두 팔로 감싸기도 벅찬 커다란 기둥이 납
작한 기와지붕을 바치고 있는 모양새가 귀엽다. 작은 쪽마
루에 앉으면 군위댐 풍경이 한눈에 들어온다. 주말, 평일
구분 없이 1박에 100,000원이고, 전화 예약만 가능하다.

10년 넘게 정성과 사랑으로 가꾼 상주의 지지가든.
개인이 관리하는 정원이니 만큼 애정이 남다르다.
동네의 사랑방 같은 정원에 놀러 가 보자.

외국의 보타닉가든에 온 듯한 착각이 든다.

동네에 있을 것처럼 푸근한 매력의 **상주 지지가든**

오랜 시간의 노력과 정성이 담긴 지지가든

한적한 시골 마을에 위치한 작은 개인 정원으로 13년간 가
꾸어온 정원을 2019년에 개방한 곳이다. 콩밭을 한 해 한 해
조금씩 정원으로 가꾸어 지금의 지지가든으로 꾸몄기에,
가든 지기의 땀과 영혼이 많이 들어 있다. 다양한 국내외 야

생화가 계절별로 피어나고 수양 벚나무, 산딸나무, 쪽동백나무, 자귀나무, 회화나무 등 각종 나무가 있다. 농약 사용을 최소화해 자연상태의 사초와 꽃이 숲을 이루어 뱀, 개구리, 도롱뇽 등 각종 벌레와 동물들이 정원에서 같이 서식한다. 지지가든 내에 있는 꽃과 나무 풀들은 주인장이 돌보는 힐링의 장소다. 따라서 함부로 꽃을 꺾거나 지정된 길 외에는 들어가면 안 된다. 귀한 꽃의 씨앗이나 모종을 얻고 싶어 하는 사람들도 많다고 하지만 주인장은 꽃은 눈으로만 감상해 달라고 부탁한다.

더불어 함께 즐기는 정원

지지가든은 일반 카페처럼 생각한다면 비추천이다. 모든 시설이 대부분 야외에 주로 있다 보니 불편하다. 야외에는 타프, 텐트를 포함하여 열 군데 정도 야외테이블이 있다. 어린이는 150평 넓이의 잔디마당에서 놀 수 있다. 정원 내에서는 조용하게 타인에게 방해가 되지 않는 선에서 정원을 즐겨야 하며 만약 타인을 방해하면 퇴출당한다. 주문은 비대면 문자로 가능하고 결제는 카드만 가능하다. 어른 1명당 1명의 어린이만 동반이 가능하니 참고해야 한다. 개인 정원이다 보니 특별히 정해진 영업 규정은 없다. 주로 수요일, 목요일은 휴무이고 주말은 개장한다. 정확한 정보는 전화나 인스타그램으로 개장 여부 확인 후 방문하면 된다.

아름다움은 눈으로
감상할 때 가장
가치가 있다. 손으로
만지지 말자.

관리가 철저하다.

먹을거리

❖ 남천식당

🏠 경북 상주시 왕산로 186-1

☎ 054-535-6296

3대째 90년 동안 한결같은 맛으로 유명
한 해장국집이다. 된장국에 시래기를 넣
어 끓인 국밥은 여행객들의 빈속을 든
든하게 채워준다.

❖ 남산가든

🏠 경북 상주시 신서문1길 137

☎ 054-535-2281

상주에 유명한 돼지 석쇠구이집이다. 고
추장, 간장구이(2인, 22,000원)가 메인
메뉴이다. 주문을 하면 숯불에 구워서
나온다.

❖ 시장통옛날국수

🏠 경북 상주시 남성로 49

☎ 0504-0999-3178

밀과 콩을 4 대 1 비율로 반죽하고 숙성
해서 구수하고 부드러운 면발이 특징이
다. 곶감얼큰칼국수(6,000원), 잔치국수
(4,000원), 소고기국밥(6,000원)을 판매
한다.

❖ 성수식당

🏠 경북 상주시 화서면 화령남6길 17

☎ 054-533-0801

2대째 반세기 동안 영업해온 중국음식
점이다. 이 식당만의 특이한 반죽 비법
으로 만든 탕수육의 쫀득쫀득한 식감이
특히 자랑이다. 유명세를 탄 식당으로
오전 11시부터 탕수육은 30개만 판다
고 하니 미리 줄을 서거나 확인 후 방문
하자.

볼거리

❖ 지지가든

🏠 경북 상주시 인평4길 6

☎ 010-3823-9349

오전 11시부터 오후 6시(예약 시 개장 시간이나 요일 확
인).

❖ 상주중앙시장

🏠 경북 상주시 중앙시장길 1-7

☎ 054-535-7443

매달 2, 7일에는 5일장이 열린다. 구석구석마다 역사가 오
래된 맛집이 많다. 상주곶감도 빼놓을 수 없다.

❖ 경천대국민관광지

🏠 경북 상주시 사벌국면 삼덕리 1-34

☎ 054-536-7040

경천대는 낙동강을 훤히 내려보이는 기암절벽에 세워진
정자이다. 낙동강 천삼백리 최고의 절경으로 꼽히는 곳이
다. 주변은 공원으로 꾸며놓아 가족과 둘러보고 좋은 코
스이다.

숙소

❖ 상주보오토캠핑장

🏠 경북 상주시 용마로 366 상주보수상레저센터

☎ 054-500-7003

낙동강을 따라 설치된 캠핑장은 여유로운 풍경이 있다.
오토캠핑장과 함께 수상레저, 시가전 체험장이 함께 있어
색다른 재미도 있다.

오지성 ★★★★★ **난이도** ★★★★★

온 세상이 보라빛으로 물들어 마치 보라색에 취할 듯하다.
한국에서 보기 어려운 라벤더가 무성하게 피어있는 양원마을에서
평생 남기고 싶은 사진과 라벤더 체험을 즐겨보자.

사진으로노 라벤너 향이 느껴질 듯하다.

영화 <기적>의 배경이 된 **울진
양원마을**

힐링의 대명사 라벤더가 만개했습니다

미풍에 하늘거리며 짙은 라벤더 향은 행복을 전해준다. 특히 아름다운 산세를 배경으로 한 풍경은 아름다운 향과 어울려 청량감을 전해준다. 흔히들 할인점에서 파는 표백제 등에서 맡을 수 있는 라벤더 향은 가짜였다는 사실을 깨닫게 되는 데는 얼마 걸리지 않는다. 진하고 아름다운 라벤더 향은 정신이 아찔할 정도로 아름답다. 라벤더는 고대 그리스 문헌에 기록됐을 만큼 역사가 깊은 식물이다. 라벤더는 치료에 목적을 두고 재배되었는데 특히 영국의 엘리자베스 1세 여왕이 애용한 허브로서, 왕실의 정원에 라벤더를 키우도록 했고 이를 차로 마셔 편두통 치료제로 사용했다. 또한 라벤더의 천연향은 안정적인 수면을 제공해 불면증을 호소하는 사람들에게 인기가 있다. 그러나 한국에서는 일단 구

매년 6월이면
라벤더 수확이
한창이다.

경하기가 힘들다. 라벤더는 지중해성 기후에 맞는 작물로, 덥고 습한 우리나라 기후와는 맞지 않아 재배가 쉽지 않기 때문이다. 이 때문에 습기를 날려줄 수 있는 해풍이나 강바람이 잘 부는 특수한 지역에서만 재배되었다. 보랏빛 물결로 유명한 곳은 프랑스 남부의 프로방스지역이나, 일본 홋카이도의 도미타 팜 같은 곳이다. 그러나 최근에는 굳이 외국을 가지 않아도 한국에도 라벤더 향을 맡아볼 수 있는 명소들이 있다.

협곡열차 양원마을 라벤더

양원마을 사람들의 염원으로 만들어진 최초의 민자역사.

라벤더로 유명해진 곳들은 6월이면 서서히 보랏빛 물결을 이루고 수확이 한창이다. 낙동강 최상류의 백두대간 협곡열차가 서는 경북 봉화의 양원이 그곳 중 한 곳이다. 관광객을

대운 기차가 시는 양원역은 주민들의 염원으로 만들어신 대한민국 최초의 민자역사다. 민자라고 해봤자 동네 주민들이 피땀 흘려 만든 작은 역이 전부다. 역이라고 하기엔 작아도 너무 작다. 골방만큼 작은 역은 기차가 들어오지 않는 작은 오지마을 주민들의 염원이 담겨있어 정겹다. 양원역 맞은편에 조성된 허브 밭에는 라벤더와 차이브 등 허브들이 자리 잡고 있다. 이곳은 특히 백두대간 협곡열차가 라벤더밭 위로 달려오는 장면을 촬영할 수 있어 사진 마니아들 사이에서 인기를 얻고 있다. 양원 라벤더농장은 6월 중순 만개해 7월 중반까지 지속된다. 이후에는 비록 라벤더꽃은 지지만 라벤더에서 추출한 라벤더 워터를 통해 진한 라벤더 향기를 느낄 수 있다.

농장에서 추출한 라벤더워터에는 사람의 마음을 진정하게 하는 성분이 있어 불면증 또는 불안감을 호소하는 사람들에게 추천한다. 혹시 캠핑에 취미가 있는 사람들이라면 라벤더밭 앞 잔디밭을 추천한다. 양원역 앞으로 난 낙동정맥 트레일을 따라 걷는 사람들이 백팩을 매고 이곳을 찾는 경우가 늘고 있다. 반드시 단체만 받으므로 사전 양해를 구해야 한다. 낙동정맥 트레일 구간 중 양원역~비동역 구간은 스위스 체르마트와 닮았다고 해서 '체르마트길'이라는 이름이 붙었다. 이곳을 온몸으로 즐기는 가장 좋은 방법은 낙동정맥 트레일을 걷고 양원마을 라벤더밭에서 캠핑을 즐기는 것이다. 농가의 수세식 화장실을 사용할 수 있으며, 샤워텐트를 이용한 샤워가 가능하다. 라벤더 농가에서는 드라이플라워 등을 판매한다.

감탄을 금치 못하게
하는 아름다운 풍경.

여행 정보

기본 정보

❖ **양원라벤더**

🏠 경북 울진군 금강송면 전곡리 303-9

☎ 010-5029-6618

· **홈페이지** : https://ylvender.modoo.at/

즐길 거리

❖ **라벤더 체험**

· **체험료** : 8,000원(홈페이지 예약)

라벤더밭에서 직접 수확한 라벤더꽃을 활용해 드라이플라워, 손소독제 등을 만드는 체험이다.

먹을거리

양원마을의 일원이 될 수 있는 기회가 있다. 바로 부녀회장 댁에서 즐기는 식사이다. 사전에 예약을 하면 1인당 10,000원으로 푸짐한 한 상 차림을 받을 수 있다. 넉넉하고 푸짐한 마을인심을 느낄 수 있는 소중한 기회이다.

트레킹 코스

기찻길과 숲길을 따라 물길이 어우러진 아름다운 풍경을 보며 걷기에 좋다. 분천역에서 비동승강장까지 4.3km, 비동승강장에서 양원역까지 2.2km이다. 비동승강장에서 양원역까지 이르는 이 길이 바로 체르마트길이라고 일컫는 길이다.

오지성 ★★★★☆　**닌이도** ★★★☆☆

한우산의 비경을 제대로 감상하고 싶다면 영화 <아름다운 시절>을 추천한다.
이곳은 한여름에도 냉기가 돌 정도로 시원함을 제공한다.
물론 고드름이 열리는 겨울의 정취도 아름답다.

패러글라이딩 애호가들이 많이 찾는 의령 한우산.

한여름에도 차가운 비가 내리는 **의령
한우산**

차가운 비가 내리는 이곳은 한우산

의령 한우산(寒雨山)은 차가운 비가 내리는 곳이라 해서 붙은 이름이다. 처음 한우산을 찾은 사람이라면 과연 그 이름값을 한다고 생각할 것이다. 한여름 무더위를 피해 높은 곳에 자리 잡은 차박지가 필요하다면 한우산으로 향하자. 다른 모든 곳은 맑은 날씨이지만 한우산 정상만큼은 보이지 않는다. 짙은 운무가 한우산을 뒤덮고 있기 때문이다. 한우산은 높은 산꼭대기까지 차량을 가지고 올라가 탁 트인 전망을 바라보기 알맞은 드라이브 코스가 있다. 웬만하면 저 높은 산 위에서 발아래를 내려다보면 별빛을 바라보려는 사람들로 항상 붐비는 곳이기도 하다. 그러나 한밤중이 되면 별 사진을 찍는 사람 몇 명만 남아, 오히려 한적함을 맛볼 수 있다.

한우산 맞은편에는 해발 897m의 자굴산이 있는데 한우산에서 바라보는 풍경이 기가 막힌다. 한우산 정상 바로 아래까지 주차장이 마련되어 있는데 주차장에서 조금만 걸어가면 바로 정상이다. 한우산 정상에는 텐트를 치고 올라가 백패킹을 하는 젊은이들도 종종 만날 수 있다. 정자가 있는 곳에서 서쪽으로 길게 난 길을 따라가면 화장실이 주차장 공간이 따로 마련되어 있는데 이곳에서 차에서 숙박하는 사람들도 있다. 차에서 숙박하든 별빛을 바라보든 풍치를 즐기기 그만인 곳이다. 다만 화장실의 경우 직원들 퇴근 후에는 이용할 수 없다.

정자 바로 앞 아래에는 관리사무소가 있는데 이곳의 화장

의령의 상징 도깨비.

실은 오전 9시부터 사용이 가능하다. 한우산은 오가는 데
는 딱히 제약이 없으나 주말의 경우 차량 운행이 제한된다.
그러므로 금요일 저녁에 들어왔다고 하면 월요일 아침에야
나갈 수 있다.

운이 좋게 주중에 한우산을 올라갈 수 있게 된다면 이미 숱
하게 많은 주차된 차량을 마주할 수 있을 것이다. 그러나 역
시 해가 지기 시작하자 하나둘씩 빠져 별빛을 바라보려는
사람들만 남는다. 처음 보는 사이였지만 잠시 정겨운 이야기

를 나누다 보니 어느새 별빛이 떠올랐고 사람들은 하나둘씩 가지고 온 음식을 꺼내어 먹으면서 이야기꽃을 피웠다.

읍내 다시식당의
의령소바.

망개떡 한 개 먹어주면 안 잡아먹지!

망개떡 동상이 있는 트레킹 코스가 잘 완비되어 있다. 망개떡 동상은 망개떡을 든 도깨비 형상의 동상이 사람들을 맞이하며 망개떡을 맛볼 것을 권한다. 왠지 망개떡을 꼭 하나 먹어봐야 할 것만 같아서 산에서 내려와 의령 시내로 향했다.

망개떡은 청미래덩굴잎(망개잎)을 차진 떡 사이에 넣어 떡끼리 붙지 않도록 만든 떡이다. 멥쌀가루를 쪄서 치댄 뒤 팥소를 넣고 반달이나 사각 모양으로 빚어 두 장의 망개잎 사이에 넣어 찐 경남지방의 떡이다. 경상도 지역에서는 청미래덩굴을 '망개나무'라고 불러 망개떡이라는 이름이 붙었다.

의령군 소재지 내의 시장 앞에 주차한 뒤 시장 안의 의령 망개떡 원조집을 찾으면 아주머니들이 마스크와 모자를 쓰고 열심히 망개떡을 빚고 있는 광경을 목격할 수 있다. 원조라고 하는 이 집은 1956년부터 망개떡을 만들어오고 있다고 안내문이 붙어있다. 의령의 경우에는 소바가 유명한데 의령소바는 흔히 알려진 노란색 간판의 '원조의령소바 전국본점'과 전통적으로 이 지역 사람들이 자주 가는 '다시식당'으로 나눌 수 있다. 주민들이 더 많이 찾는 로컬 맛집을 원한다면 다시식당을 추천한다.

여행 정보

먹을거리

❖ **남산떡방앗간(망개떡)**
🏠 경남 의령군 의령읍 의병로18길 3-4
☎ 055-573-2422
• **홈페이지** : www.의령망개떡.com

❖ **다시식당(메밀소바)**
🏠 경남 의령군 의령읍 의병로18길 6
☎ 055-573-2514
온·냉소바 8,000원, 메밀만두 5,000원.

볼거리

❖ **의령구름다리**
🏠 경남 의령군 의령읍 서동리 644-1
의령천 수변공원 위로 3개의 사장교가 연결된 특이한 다리이다. 바로 옆 서동생활공원이 있어 가볍게 산책하기에 좋다.

'자연과 문학이 함께 어우러진 반딧불의 고장'이라는 슬로건에
걸맞게 이 마을은 각양각색의 자연경관과 문화유적이 산적해있다.
도심에서 보기 힘든 반딧불이를 만나는 체험도 잊지 말자.

국내 최대 규모의 자작나무 숲.

흥겨운 풍물이 살아 숨 쉬는 **영양**
수비마을

하늘과 가까운 녹색힐링 공간

동쪽은 울진, 남쪽은 영덕, 북쪽은 봉화. 수비마을은 경북에서도 손꼽히는 오지들로 둘러싸여 있다. 수비마을 주변에는 600m가 넘는 산들이 즐비하다. 수비마을이 속한 경북 영양은 청정지역에다 하늘과도 가까워 밤하늘의 별이 가장 잘 보이는 곳이다. 이것으로 아시아 최초로 국제밤하늘보호공원으로 지정되었다.

수비면은 영양에서도 외지이다. 밤까지 밝은 하늘, 수려한 녹음과 맑은 물이 있는 천혜의 고산 청정지역이다. 계곡, 휴양림, 온천 등의 즐길 거리가 다양하다. 무엇보다 다행인 것은 아직 많이 알려지지 않아 조용하게 자연을 즐길 수 있다. 수비면은 고산지대로 연·일교차가 크기 때문에 고추, 약초, 송이, 산나물 등이 지역 특산물로서 최고의 품질을 자랑한다. 신선한 식재료로 만든 음식으로 힐링과 웰빙을 함께 즐길 수 있는 오지코스가 바로 '수비마을'이다.

수하리산촌생태마을.

자작나무 숲

자작나무는 기름기가 많은 나무로 불에 탈 때 '자작자작' 거리는 소리를 내기 때문에 붙여진 이름이다. 자작나무는 추운 곳에 서식하는데, 영하 40℃까지 떨어지는 시베리아 벌판에서도 자란다. 러시아인들은 자작나무를 목재부터 약용까지 다양하게 쓰며 '신이 주신 선물'로 여긴다.

자작나무의 남방한계선은 북한이지만, 강원도나 경기도 일대에도 추운 지방까지는 인위적으로 심으면 자란다고 한다. 영양 자작나무 숲은 1990년경에 30만m²(축구장 40개) 규모로 조성된 인공나무숲인데, 이제 제법 울창한 숲이 되었다. 아직 공식적으로 개장하지 않아 찾는 사람들이 많지 않다. 하지만 2km 길이의 느슨한 산책로가 놓여 있고 군데군데 안내판이 설치되어 있어 큰 어려움 없이 둘러볼 수 있다.

최근 산림청으로부터 국유림 명품숲으로 선정되었다. 숲은 한적해야 둘러볼 맛이 난다. 자작나무는 하얀색이지만, 나뭇잎은 어느 나무보다 진한 초록색이다. 한겨울 눈 덮인 자작나무 숲길을 걸으면 꿈길을 걷는 듯하다. 무더운 한여름에는 자작나무의 녹색과 흰색의 조합이 더위를 한풀 진정시킨다.

책 읽는 숲, 검마산자연휴양림

태백산 지맥이 내려와 솟은 검마산(1,017m)은 산세가 빼어나고 주변경관이 아름답다. 나무와 바위가 마치 칼과 창이 솟아있는 듯하여 '검마산(劍磨山)'이라 부른다. 수려한 산세와 맑은 계곡물은 속세를 떠나 학문에 정진하기 위한 선비들의 수행지로 이용된 곳이다. 그래서인지 멀지 않은 곳에 청록파 시인 조지훈, 소설가 이문열의 고향이 있다.

1997년 산림청이 조성해 점차적으로 산림문화휴양관, 숲속도서관, 야영장, 산책로 등의 시설을 갖췄다. 60년 된 금강소나무 숲에서 삼림욕을 통해 찌든 피로와 스트레스를 말끔히 해소할 수 있는 힐링의 공간이다. 특히 금강소나무가 빽빽한 삼림욕장에서 약수터까지의 구간이 산보하기에 좋다. 4천여 건의 서적을 보유한 숲속도서관이 있어 책을 빌려 숲속에서 읽을 수 있다. 스마트폰을 꺼두고 가족들과 책 한 권씩 읽고 내려오는 것도 좋을 듯하다.

이 밖에도 목공예체험, 야생화화분만들기 체험, 표고버섯 재배체험 등 가족들이 즐길 다양한 프로그램이 있다. 휴양림은 단순 입장과 숙박, 둘 다 가능하다. 숙박은 휴양관이나 야영데크를 이용한다. 특이한 건 휴양림에 반려견도 입장할 수 있다는 것이다. 반려견이 출입 가능한 숙소와 놀이터가 따로 구분되어 있어 안심하고 이용 가능하다. 자세한 일정과 예약은 국립검마산자연휴양림 웹사이트(www.foresttrip.go.kr) 또는 전화(054-682-9009)로 확인할 수 있다.

수하계곡

태백산맥의 일월산, 울련산, 금장산을 돌아온 수하계곡은 물이 시리다. 물이 맑아 여름에는 1급수에만 사는 은어떼가 노는 것이 훤히 보인다. 물이 좋아서인지 예쁜 수석이 많이 나온다. 밤눈이 밝으면 수달도 볼 수 있다. 계곡물이 깊지 않고 폭이 넓어 가족단위로 물놀이하기 좋다.

수하계곡은 자연 그대로의 아름다움과 함께, 울련산의 영천약수, 수하청소년수련원, 송방자연휴양림 등의 시설을 갖추고 있다. 11km를 뻗은 수하계곡 중에 반딧불이휴게소에서 송방자연휴양림까지 5km 남짓한 계곡이 특히 절경이다. 수하계곡은 반딧불이 개체수가 많은 서식지로 초입에는 생태숲과 반딧불이생태공원이 있다.

여행 정보

볼거리

❖ 백암온천
🏠 경북 울진군 온정면 온천로 5
국내 유일한 방사능 유황온천으로 인체에 유익한 광물질을 많이 함유하여 신경계와 피부질환에 좋다. 물이 매끄럽고 달걀 썩은 유황냄새도 난다. 검마산자연휴양림에서 동쪽으로 22km(35분)거리다. 한화리조트, 원탕고려호텔 등 다양한 온천숙박시설이 있다.

교통편

❖ 자작나무 숲
🏠 경북 영양군 수비면 죽파리 산 39-1
숲입구길이 험하다. 승용차면 2.1km 이전, 삼거리에서 차를 세우고 걸어서 올라가야 한다.

❖ 수하리산촌생태마을
🏠 경북 영양군 수비면 낙동정맥로 2875
☎ 054-683-0312
• 홈페이지 : www.suhasanchon.or.kr
산림청 지원으로 지어져 마을에서 운영하는 '수하리산촌생태마을'에는 6개 객실이 있다. 가장 작은 2인 객실의 경우 주말 80,000원이며 주중 50,000원 가량이다. 캠핑을 즐길 수 있는 나무 데크도 있다. 캠핑은 30,000원이다.

❖ 수하계곡
🏠 경북 영양군 수비면 수하리 산121
☎ 054-682-9500(수비면사무소)

❖ 영양반딧불이생태학교
🏠 경북 영양군 수비면 반딧불이로 129
☎ 054-682-6822(예약문의)
'별생태체험관영양반딧불이천문대'에서 우주와 천문학에 대한 전시 관람 및 천체관측을 체험할 수 있다. '영양반딧불이생태공원'은 반딧불이 관련 전시와 다양한 생태체험 프로그램을 제공한다. 두 곳은 나란히 위치해 있으며 자세한 내용은 홈페이지(www.suhaecotour.com)를 참고하면 좋다.

기찻길이 놓인 곳 중에 가장 산세가 깊은 곳이 분천역 구간이다.
낙동강 상류를 따라 걷는 트레킹과 간이역에 준비된 체험프로그램, 그리고 백두대간을
즐길 수 있는 협곡열차 등 오지 여행이지만 풍성한 즐길 거리를 전해준다.

하루에 열 명 남짓 찾던 분천역은 새단장과 협곡관광열차 개발로 수백 명이 찾는 관광지가 되었다.

오지게 흐뭇한 분천

비속어로 오해받는 '오지다'는 '흡족하게 흐뭇하다'라는 의미의 표준어이다. 분천역은 경북 깊은 산골에 있는 기차역으로 하루 이용자를 열 손가락 안에 꼽을 수 있을 정도였지만, 코레일과 지자체가 이곳을 관광단지로 조성한 후 많은 관광객이 찾는 장소로 변화하였다. 봄부터 가을(3월~11월)까지는 자전거 타기와 도보 하이킹을 즐길 수 있고 겨울(12월~2월)에는 산타 마을이 개장하는 등 계절별로 다양한 재미를 느낄 수 있다. 이렇게 분천역은 흡족하게 흐뭇할 만한 기차역이라고 할 수 있다.

분천역은 오지에 있음에도 불구하고 접근성이 비교적 좋다. KTX(청량리~강릉)와 산타열차(강릉~분천)를 이용하거나, KTX(청량리~영주)와 협곡열차(영주~분천)를 이용해 쉽게 갈 수 있다. 대구에서는 경북나드리열차를 타면 직통으로 갈 수 있다. 특히 영주~분천 구간은 녹음과 암벽이 어우러진 청정구역으로 기차 창문 밖으로 보이는 풍경을 감상하다 보면 지루할 틈이 없다.

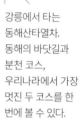

강릉에서 타는 동해산타열차. 동해의 바닷길과 분천 코스, 우리나라에서 가장 멋진 두 코스를 한 번에 볼 수 있다.

분천의 경치를 즐기는 코스

분천역과 백두대간 코스를 즐기는 방법은 다양하다. 크게 영주(A)와 강릉(B)을 경유 하는 코스로 나뉜다.

A코스는 '청량리~(KTX)~영주~(협곡열차)~분천'의 여정이다. 장점은 B코스보다 이동 시간(편도 약 1시간 20분)이 짧고 협곡열차를 탈 수 있다는 것이다. 협곡열차의 넓은 유리창으로 주변 경치를 한눈에 볼 수 있다. B코스는 '청량리~(KTX)~정동진~(동해산타열차)~분천'의 여정이다. 당일치기로 정동진과 분천을 둘러볼 수 있다는 장점이 있다.

분천 인근에 도착하면 이후 일정은 비슷하다. 승부나 양원에 내려서 분천까지 트레킹을 하면 낙동강 맑은 상류를 따라 진한 실록을 만끽할 수 있다. '분천역~비동승강장'까지 편도로만 자전거를 대여하여 이동할 수 있다. '비동승강장~양원역' 코스는 산길이라 자전거로는 움직이기 힘들다.

분천역에는 미니갤러리와 역광장 포토존 등 다양한 볼거리가 있다. 잠시 쉬어 가고 싶다면 먹거리 장터에 들르는 것도 좋은 방법이다. 부침개에 막걸리 두어 잔이면 하이킹의 피로가 싹 풀린다.

백두대간협곡열차 V트레인은 조망을 위해 객차를 개조하였다.

백두대간 협곡을
달리는 협곡열차
V트레인.

협곡열차는
유일하게 창문이
열린다. 열린
창문으로 들어오는
청정계곡의 공기
덕분에 그림 같은
풍경이 한층 더
실감이 난다.

여행 정보

여행 정보

❖ 추천경로
• 당일치기 트레킹 코스(청량리 출발)

현재 코로나로 관광열차(동해해피열차, 협곡열차)는 운행중지이다. 아래는 일반 열차 기준의 일정표이다. 향후 코로나 검역단계가 완화되면 '청량리~(KTX)~강릉, 정동진~(동해산타열차)~승부역'으로 이동하면 된다. 협곡열차가 재개되면 영주에서 환승 하여 체르마트 구간(비동승강장~승무역)을 지나 양원이나 승무역에서 하차하여 분천역까지 트레킹하는 방법 등 다양한 여행코스가 있다. 동대구역에서 분천까지 무궁화호도 운행한다(동대구06:25→분천09:30, 분천19:11→동대구 22:23).

⌄ 청량리
6:00~7:41
KTX
⌄ 영주(환승)
08:30~9:30
무궁화
⌄ 승무역
09:30~11:30
승무양원 5.6km
트레킹 (2h)
⌄ 양원
11:30~12:30
체르마트 2.2km
트레킹 (1h)
⌄ 비동승강장
12:30~14:00
분천·비동 4.3km
트레킹(1h30m)
⌄ 분천역
17:47~21:05
무궁화(영주) — KTX(청량리)

• 1박 2일 코스(서울 출발)

코레일 블로그(blog.naver.com/korailblog)에 분천역 여행코스가 잘 정리되었다. 코레일 블로그 검색창에 '분천역', '협곡열차' 등을 검색하면 다양한 여행코스를 만나볼 수 있다. 열차 시간표는 정기적으로 변경되므로 코레일 홈페이지(www.letskorail.com)에서 확인하자.

먹을거리

❖ 봉덕식당
🏠 경북 봉화군 소천면 분천2길 4-10
☎ 054-673-6152

즐길 거리

❖ 자전거대여
☎ 010-6302-7444
분천역전에 자전거대여점이다. 주인이 자리를 비우면 계좌이체 후 대여하면 된다.

오지성 ★★★★★ **난이도** ★★★★☆

태백산에서 발원하여 20km 아래 원시림 계곡까지 흐른다. 긴 여정을 흘러왔지만 고선계곡은
청명함을 잃지 않았다. 물맛 까다로운 열목어가 계곡에는 심심치 않게 보인다.
눈 높은 오지 여행객들에게도 충분히 청정한 자연이 준 휴양지이다.

1급수에만 사는 열목어를 만날 수 있는 계곡.

열목어를 볼 수 있는 **봉화**
고선계곡

오지대장 봉화군

전국 8도마다 각자의 사투리가 있지만 경북은 같은 도내에
서도 사투리가 나뉜다. 산세가 험해 왕래가 적었기 때문이
다. 경북은 강원도 못지않게 풋풋한 오지를 많이 품고 있다.
경북 중에서도 봉화, 영양, 청송이 경북 3대 오지로 꼽힌다.
특히 태백산맥과 소백산맥이 갈라지는 가랑이 깊숙한 곳에
있어 83%가 산지인 봉화는 정말 오지 중의 오지다.

숲속에 안긴 이
캠핑장이 바로
국립청옥산
자연휴양림이다.

청정태백의 100리를 흐른 고선계곡

고선계곡은 봉화와 딱 빼닮았다. 태백산(1,567m)에서 발원
하여 장장 100리를 흘러가는 고선계곡은 태백산 계곡 중에
서 가장 길고 수량이 풍부하여 으뜸으로 손꼽힌다.
물맛은 물고기가 먼저 안다고 1급수 어종인 열목어가 심심
치 않게 보인다. 아이들이 물놀이하다 물을 좀 먹어도 보약
이거니 생각하자.

고선계곡에 유독 '구마동'이란 푯말이 자주 보인다. 옛 풍수 지리에 따르면 고선계곡에는 구마일주(九馬一柱)형 명당이 있었다고 한다. 한 기둥에 아홉 마리의 말이 매여 있는, 한 마디로 횡재한 풍수이다. 물론 이 명당은 아직 찾지 못했지만 고선계곡을 '구마동계곡'이라고도 한다.

고선계곡 즐길 게 많다

1급수를 자랑하는 고선계곡은 수량이 풍부하여 물놀이와 버터플라이 낚시를 즐기기에 좋다. 또한 기암괴석과 녹음이 어우러진 천혜 자연을 잘 보전하고 있어 기다란 계곡 길을 따라 트레킹과 캠핑을 하기에 더없이 좋은 곳이다. 계곡은 상류로 올라갈수록 멋진 풍경이 나타난다. 1박을 하려면 봉화별캠핑장을 이용하면 된다. 계곡 중간쯤에 있으며, 계곡을 끼고 있어 숙박을 겸하는 사설 캠핑장이다. 이외에도 5~6개의 민박집(구마황토민박, 봉화약초민박)이 있어 숙박에는 크게 문제없으니 걱정하지 않아도 된다. 계곡을 내려

산뜻한 분위기의 봉화별 캠핑장.

봉화별 캠핑장 옆
초록숲을 품은
맑은 계곡물.

와서 30분 거리에 캠핑장의 5성급이라 불리는 국립청옥산
자연휴양림이 있다.

청정지역에서 맛본 1급 먹거리

봉화는 송이와 은어로 유명한 곳이다. 송이로 만든 송이돌
솥밥, 송이구이와 은어로 만든 은어구이, 은어회, 은어죽이
맛있다. 이 밖에도 엄나무순 돌솥밥, 봉성돼지 숯불구이 등
이 봉화의 맛있는 별미로 꼽힌다.

여행 정보

숙소

❖ 봉화별캠핑장
🏠 경북 봉화군 소천면 구마동길
　513-127
☎ 010-7302-1150
구마계곡에서 고선계곡까지 20km에
달하는 국내 최장의 계곡에 위치한다.
젊으신 사장님이 아주 친절하고 최근 재
단장을 해서 캠핑장도 좋은 컨디션을 유
지한다. 캠핑장은 노키즈로 운영된다.

❖ 국립청옥산자연휴양림
🏠 경북 봉화군 석포면 청옥로 1552-
　163 청옥산자연휴양림관리사무소
☎ 054-672-1051
청옥산 자연휴양림은 1,276m의 청옥
산을 주봉으로 해발 700~900m의 크고
작은 능선이 변화무쌍한 지형을 이루고
있다. 80여 종에 달하는 침·활엽수가 서
식하고 있는데 특히 춘양목 우량 임지가
있어 숲으로는 전국 최고의 휴양림이다.

먹을거리

❖ 솔봉이식당
🏠 경북 봉화군 봉화읍 내성천 1길 76-1
☎ 054-673-1090
송이돌솥밥(20,000원)과 나물 반찬, 전골을 메인으로 팔
고 있다.

볼거리

❖ 보호어종인 열목어가 살고 있는 봉화군 석포면의 백천
계곡은 계곡 자체가 천연기념물로 지정돼 있다. 석포면의
열목어 서식지는 세계에서 열목어가 살 수 있는 가장 남
쪽 지역으로, 천연림으로 에워싸여 열목어가 서식하기에
최적의 조건을 갖추었다. 현불사와 신라 원효대사가 창건
한 청량사도 둘러보면 좋다.

❖ 피서철(7월 말~8월 초)에는 '봉화 은어축제'가 매년 열
려 은어 맨손잡이 체험과 숯불구이 체험까지, 은어 하나
로 매우 즐겁게 보낼 수 있다.

계곡과 휴양림을 한꺼번에 만나고 싶다면 울진으로 떠나보자.
자연 그대로 살아 숨쉬는 불영계곡과 울창한 통고산 휴양림에서의 한적한 휴식,
그곳이 바로 지상낙원일 것이다.

단풍이 물드는 가을이 이곳의 절정이라고 할 수 있다.

금강송과 불영계곡의 정취를 느낄 수 있는 **울진**
통고산자연휴양림

한국의 그랜드캐니언, 불영계곡

울진은 깊은 산골짜기와 새파란 동해로 둘러싸여 있다. '등
허리 긁어 손 안 닿는 곳이 울진'이라고 했을 정도로 외딴곳
이다. 울진 말투도 강원도 억양이 섞여 더욱 멀게 느껴진다.
불영계곡은 때묻지 않은 울진 비경을 잘 보전하고 있다. 태
백산 조용한 산길을 걷다 보면 계곡물이 내려가는 소리만
점점 크게 귀에 들어온다. 텃세를 부리는지 산짐승이 정적을
깨운다. 가끔은 멸종 위기종인 수달과 산양도 볼 수 있다.

한국의 그랜드
캐니언 이라고
불리는 불영계곡.

세 개의 '욕'이 즐거운 통고산

통고산은 세 개의 '욕'으로 즐겁다. 금강소나무로 '삼림욕'이 첫째고, 관동팔경 중 하나인 망양정에 올라 '해수욕'과 동해를 보는 게 둘째, 마지막으로 인근 덕구온천에서 '온천욕'을 즐기는 것이 셋째이다. 통고산은 욕을 많이 즐길 수 있어 장수할 듯하다.

통고산휴양림 야영장은 오지 명승지로 꼽히는 불영계곡의 상류에 위치해 때묻지 않은 숲과 계곡을 그대로 간직한 것이 사랑이나. 단풍으로 치장한 산들이 하나같이 아름답지만 그중에서도 통고산을 최고로 뽑는다. 특히 10월 중순 단풍철에는 봉우리마다 장관을 이뤄 휴양림을 찾은 캠퍼들에게 멋진 풍경을 선사한다.

휴양림에 물놀이장이 있어 물놀이를 즐기기에 좋다. 겨울에는 물놀이장에서 얼음 썰매를 무료로 빌려준다. 통고산자연휴양림 안에는 자연관찰로 목공예전시실 등의 시설이 있어 자녀들의 교육을 위해서 방문하기에도 좋다. 야영장 근처와 울진에는 불영계곡과 소광리 금강송 군락지, 성류굴 등의 볼거리도 많다.

통고산 트레킹에
나선 등산객들.

통고산 트레킹

통고산 정상까지 대부분 난이도가 낮은 임도로 되어 있다. 등산을 즐겨보자. 통고산 등산코스는 7km가량이고 넉넉잡아 3시간 반이면 충분하다. 트레킹을 좋아하는 사람들은 금강송으로 우거진 십이령 바기제길을 걸으며 자연의 정취를 느껴보는 것도 좋다. 바기제길은 동해의 천일염과 해산물을 봉화, 영주 등 내륙지역으로 팔기 위해 지게꾼들이 지나던 길이다. 12고개를 넘어야 해서 십이령길이라 부른다.

여행 정보

기본 정보

❖ **통고산자연휴양림**

🏠 경북 울진군 금강송면 불영계곡로 880

☎ 054-783-3167

• **매점** : 여름에만 운영하고 살 수 있는 물품도 한계가 있다. 하나로마트 울진농협 금강송점(054-782-9014)에서 미리 준비하자.

즐길 거리

울진은 바다와 산을 한꺼번에 품고 있어서 해산물과 산채들이 맛있다. 울진이라 하면 대게와 송이로 널리 알려져 있는데, 대게와 송이를 맛있게 하는 음식점은 울진 어디에서나 쉽게 찾을 수 있다. 이 밖에도 매콤한 가자미찜이나 홍게찜, 물곰탕, 능이버섯 전골, 능이버섯 백숙 등 주변 식재료로 만든 요리들도 먹어봐야 할 별미로 꼽힌다.

여름에는 시원한 곳, 겨울에는 따뜻한 곳을 찾는 이들에게 안성맞춤인 빙계계곡.
빙계8경 등 볼거리도 다양하고 몸에 좋은 마늘 요리까지 즐길 수 있는 이곳으로 떠나보자.

부서와 용이 싸웠다고 알려진 전설의 여행지이다.

빙혈과 풍혈을 품은 **의성**
빙계계곡

여름에는 시원하고
겨울에는 따뜻한 빙계계곡

빙계계곡은 경북 8승 중에 하나로 꼽히며 세종실록지리지에도 신비한 계곡으로 빙계계곡이 언급되어 있다. 빙계계곡은 삼복더위 때 시원한 바람이 불고 엄동설한에는 더운 김이 무럭무럭 솟아오르는, 자연의 신비함을 품은 곳이다. 계곡은 입구에서부터 2km에 걸쳐 늘어서 있고 계곡에는 크고 작은 바위굴이 산재해 있다. 각각의 바위굴에는 얼음구멍인 빙혈(氷穴)과 바람구멍인 풍혈이 빙산(氷山)을 이루고 있다. 이러한 자연적 특성 때문에 빙계(氷溪)계곡으로 부르고 마을을 빙계리라고 한다. 계곡물은 수량이 풍부하고 맑다. 또한 수심이 얕아 아이들이 물놀이 즐기기에도 딱이다.

'빙계8경' 볼거리도 다양해

빙계계곡에는 용추, 물레방아, 풍혈, 빙혈, 인암, 의각, 5층석탑, 부처막을 빙계8경이라 부른다. 용추는 반구형의 깊은 웅덩이고 물레방아는 주민들이 방아 찧을 때 쓰곤 했는데 지금은 없다. 빙혈과 풍혈은 앞서 말한 얼음구멍과 바람구멍이다. 인암은 정오의 그림자가 인(仁)모양이라 붙인 이름이다. 의각은 윤은보의 뜻을 기린 비각이고 5층석탑은 고려시대에 빙산사에서 세운 탑이다. 마지막으로 부처막은 빙산 꼭대기에 움푹 패인 곳으로 부처와 용이 싸울 때 생긴 것이라 한다.

8경 이외에도 선비 정신이 깃든 빙계서원이 볼만하다. 16세

빙계서원은
556년(명종 11)에
김안국, 이언적을
추모하기 위해
세웠다.

기에 세워진 서원으로 고풍스러운 가옥과 '인과 예'로 대표
되는 의성의 선비 문화를 느낄 수 있다.

빙계계곡의 가운데에는 높이 10m, 둘레 20m 정도의 큰 바
위가 있는데 이 바위에 빙계동(氷溪洞)이라는 글씨가 새겨
져 있다. 이는 임진왜란 때 이곳을 들른 명나라 장군 이여송
(李如松)의 필적이란 얘기가 전해지므로 빼놓지 말고 살펴
보자.

대감마을로 불리는 영천 이씨 집성촌인 금성면 산운마을도
볼거리다. 금성산 수정계곡 아래 구름이 감도는 것이 보여
산운(山雲)이라고 했는데 그만큼 풍광이 좋다. 마을 이름처
럼 가옥들도 예사롭지 않은데, 학록정사, 소우당 등 전통 고
가옥들이 즐비해 있다. 산운마을 옆에는 생태공원이 있어
의성의 청정자연을 직접 체험할 수 있다.

빙계계곡에서 먹고 자기

의성은 마늘의 고장답게 마늘과 관련된 음식이 주류를 이루며, 마늘목장이라는 자체 브랜드를 개발해 마늘소, 마늘포크, 마늘닭, 마늘란 등을 판매하고 있다. 의성군 봉양면 화성리에 있는 먹거리타운은 상대적으로 저렴한 가격에 마늘소를 먹을 수 있어 한 번쯤은 들려보는 것도 좋을 듯하다. 오지치고는 알려진 곳이라 숙박(민박)시설이 잘 정비되어 있다. 캠핑장으로는 빙계계곡 오토캠핑장이 있다. 빙계계곡 오토캠핑장은 작은 계곡을 끼고 있어 가족 단위의 물놀이를 즐기기에 좋다. 한 폭의 동양화처럼 풍취가 멋진 캠핑장이다. 하지만 도로 쪽 캠핑장의 경우 차량 소음이 많이 들리며 여름 성수기에는 이곳을 찾는 사람이 많으므로 사이트가 부족할 수도 있다.

빙계계곡에는 여기저기 놀만한 공간이 많다.

볼거리

❖ 의성공설전통시장
🏠 경북 의성군 의성읍 전통시장1길 15-3
의성은 마늘의 고장이다. 의성마늘은 외래종이 아닌 토종마늘이다. 구가 단단하고 강한 매운맛이 난다. 시장에는 저렴한 가격에 인심 좋은 맛집들이 즐비하다.

숙소

❖ 빙계계곡 오토캠핑장
🏠 경북 의성군 춘산면 빙계리 896
☎ 054-830-6456(춘산면사무소)
면수 30동, 오토캠핑 가능하며 화장실(수세식), 전기시설 완비, 캠핑비 무료.

먹을거리

❖ 들밥집
🏠 경북 의성군 의성읍 전통시장1길 11
☎ 054-834-2557
의성전통시장안에 있는 소머리곰탕전문집이다. 들밥이란 들일을 하다가 들에서 먹는 밥이다. 도시에서 먹는 인위적인 곰탕이 아니라, 좋은 한우와 재료를 써서 잡내를 잡고 맛을 낸 시골국밥집이다. 허름한 식당 외형만큼이나 음식의 맛은 진솔하다. 고기가 잔뜩 들어간 곰탕이 7,000원(특 10,000원)이다.

시원한 계곡에서 물놀이도 즐기고 전나무 숲에서 운치도 즐길 수 있는 문경 운달계곡을
여름 여행지로 추천한다. 김룡사 해우소에서 그동안 쌓아둔 근심도 씻어 낼 수 있다.

운달계곡은 김룡사 주차장 겸 야영장으로 쓰이곤 한다.

아름드리 전나무 숲에서의 하룻밤을 보낼 수 있는 **문경 운달계곡**

운달계곡 정상인
성주봉.

운달계곡, 전나무 처마에 하늘을 가리고

경상북도 문경의 운달계곡은 경북 문경시 신북면 김용리의
운달산 아래 천년고찰 김룡사 바로 옆 계곡에 자리 잡고 있
다. 운달계곡은 김룡사계곡이라고도 부르는데 그만큼 김룡
사와 운달계곡은 떼려야 뗄 수 없는 관계이다.

운달산 정상 부근 냉골과 중암골에서 각각 출발한 작은 물
줄기는 이곳 김룡사계곡에서 합쳐진다. 두 물줄기가 만나
계곡의 폭도 넓어지고 유량도 풍부해진다. 계곡은 한여름에
도 손이 시릴 정도로 물이 차다. 물속에 발을 담그고 하늘
을 뒤덮은 숲의 바람을 맞고 있으면 무더운 여름에도 오한
을 느낄 정도다.

운달계곡은 소나무, 느티나무, 참나무 등 온갖 종류의 오래된 나무들이 멋진 숲을 이루고 있다. 특히 계곡을 따라 늘어선 200~300년은 됨직한 전나무 숲에서 조용한 음악과 책 한 권만 있으면 세상의 근심 걱정은 까마득히 잊고 여유를 느낄 수 있을 것이다.

운달산 둘러보기

운달산은 해발고도가 1,100m로 낮은 산은 아니지만 몇 군데만 제외하면 경사가 완만하여 남녀노소 누구나 등산을 즐길 수 있다. 힘에 부치면 계곡 바위에 걸터앉아 쉬어 가고 목이 마를 땐 폭포수를 한 컵 떠 마시면 속 깊은 곳까지 시원하다.

운달산 트레킹은 김룡사에서 시작해서 '여여교~저수조~화장암~운달계곡~장구목~전망바위~전망대~운달산 정상~폐헬기장~화장암'을 둘러보는 코스다. 거리는 9km이고 4시간 정도 걸린다.

운달계곡 야영장은 김룡사 주차장 겸 야영장으로 쓰이곤 한다.

해우소만 300년, 신라시대에 지은 '김룡사'

김룡사는 서기 588년 신라28대 진평왕 10년에 운달조사가
운봉사라는 이름으로 초창하였다. 이후 임진왜란으로 전
소하고 1624년 조선조 16대 인조 2년에 혜총선사가 중창한
후, 1949년에 3명의 승려에 의해 다시 지어졌다.

옛날 김씨 성을 가진 사람이 죄를 지어 운봉사로 피신하였
다가, 신녀를 만나 아들을 낳았다고 한다. 아들의 이름을
'용'이라고 하였더니 이후에 가문이 부유해져 운봉사를 '김
룡사'로 바꾸게 된 것이다.

사찰 입구에는 전나무 숲이 방문객을 반긴다. 절 입구에서
보면 정면에 '慶興講院(경흥강원)'이라는 글귀의 건물이 있
는데 이는 국내 최대 온돌방으로 300명을 수용할 수 있다.
우측에는 300년 된 해우소가 있다. 옛날 방식 그대로 목조
로 지었고, 대웅전과 함께 가장 오래된 건물이다. 해우소의
환기 구멍으로 내다본 사찰의 모습은 마치 사진작품을 보는
듯하다. 300년 된 해우소에서 묵은 근심을 한번 풀어보자.

김룡사가 바로 앞에
있다.

운달계곡 즐기기

운달계곡에서는 물놀이를 즐길 수 있고, 야영장에서 화장암까지 계곡길을 따라 이어진 1km 정도의 산행길은 운치있어 좋다. 운달계곡에서 그리 멀지 않은 곳에 있는 경천호에서 낚시도 가능하고 수상스키도 즐길 수 있다. 김용사와좀 떨어진 곳에 대승사가 자리 잡고 있다. 천년고찰을 둘러보는 것도 좋다.

문경에는 약돌돼지고기, 묵조밥, 골뱅이국(다슬기국) 등으로 유명하고, 문경 특산물인 오미자로 만든 오미자 한과, 오미자 맥주, 오미자 주스 등도 기회가 되면 맛보자.

운달계곡 야영장은 평소에는 고즈넉하고 한적한 곳이어서 야영료가 없지만, 사람들이 많이 찾는 7~8월에는 주차비와 쓰레기 수거비를 징수하고, 때로는 자동차 운행을 통제하기도 한다. 하지만 한여름 극성수기를 제외하고는 여유롭고 한적하다.

여행 정보

숙소

❖ 문경 운달계곡 야영장

🏠 경북 문경 산북면 김용길 372
운달계곡 옆의 노지이다. 성수기에는 주차료(2,000원)와 청소비(500원)를 받는다. 샤워시설은 없고 개수대와 화로가있다.

먹을거리

❖ 뉴욕제과

🏠 경북 문경시 산북면 금천로 557
☎ 054-552-7538
'뉴욕'이란 상호명이 무색하게 정말 외진 곳에 있는 수수한 빵집이다. 찹쌀떡과 도넛만 판다. 쫄깃한 찹쌀에 팥이잔뜩 들었다. 가격도 너무 착하고 진정한 오지 맛집이다. 화요일 8시부터 주 단위로 예약을 받는다. 인기만큼은 '뉴욕'급이다.

오지성 ★★☆☆☆ **난이도** ★★☆☆☆

군에서 직접 관리해 깨끗하고 쾌적한 바닷물이 있는 장사해수욕장과
코가 뻥 뚫릴 만큼 맑고 상쾌한 공기가 있는 메타세콰이어숲이 있는
정화의 도시 영덕으로 떠나보자.

장사해수욕장 인근의 장사상륙작전전승기념관.

짙푸른 동해바다, 풍성한 먹을거리 **영덕**
장사해수욕장과
메타세콰이어숲

기본기가 탄탄한 장사해수욕장

동해안 해수욕장은 갯벌의 풍족함은 없지만 해수욕장 본연의 역할에 충실하다. 짙푸른 동해바다와 깨끗한 백사장을 뒹굴며 마음껏 바다를 즐길 수 있다. 영덕은 백사장 길이가 900m, 폭 80m의 전형적인 동해안 해수욕장이나 평균수심이 1.5m이고 경사도 완만하다. 비교적 다른 동해안보다 수심이 깊지가 않아 아이들과 함께 안전한 여행을 즐길 수 있다. 또한 장사해수욕장은 모래의 알이 굵고 피부에 달라붙지 않는다. 여름 개장시즌이 아니더라도 바짓단을 접고 맨발로 백사장을 걸어도 재미와 운치가 있다.

장사해변은 물놀이 외에도 가자미, 광어, 우럭 등의 물고기들이 많이 잡히는 바다낚시 메카로 유명한 곳이다. 트레킹을 좋아하는 캠퍼들은 영덕 블루로드를 따라 동해안의 아름다움을 발로 느껴보는 것도 좋다. 캠핑은 백사장에도 가능하고 해수욕장 뒤편 해송 숲에 위치한 2개의 야영장을 이용하면 된다. 뒤쪽으로 도로 하나만 건너면 바로 장사면 소재지가 있어 쇼핑, 숙박, 오락 등의 편의 시설이 잘 갖춰 있다.

장사해변의 특징이자 최대 장점은 교통편이 좋다는 것이다. 2018년 동해선이 개통되어 그동안 오지였던 장사해수욕장 접근성이 아주 좋아졌다. 기차를 이용하면 서울역에서 해수욕장 바로 앞 장사역까지 환승 포함하여 딱 3시간이 걸린다. 수도권 3시간에 만나볼 수 있는 해수욕장은 여기가 최고다.

상륙함을 활용해 만든 장사상륙작전 전승기념관.

해안길 따라 해파랑공원으로

영덕 블루로드는 '쪽빛파도의 길', '빛과 바람의 길', '푸른 대게의 길', '목은사색의 길', 크게 4개의 주제와 코스(총 64.6km)로 개발되었다. 맑은 바닷공기를 깊게 마시며 해안길을 따라 걷다가 시장하면 인근 식당에 들러 영덕대게, 도다리 물회, 멸치회 등 먹거리를 즐기며 여행의 즐거움을 느낄 수 있는 도보여행 코스이다.

대게공원에서 시작되는 쪽빛파도의 길은 장사해수욕장, 남호해수욕장, 삼사해상공원을 지나 강구터미널까지 총 5시간(15km)의 해안길로 구성된다. 이 코스는 대게공원에서 시작되지만 장사해수욕장을 찾은 관광객이라면 대게공원은 생략하고 장사부터 시작한다. 대신 강구터미널까지가 아니라 다리를 건너 강구항과 공원해파랑을 둘러보는 게 더 실속 있다.

해파랑공원은 해풍을 맞고 자란 야생화와 동해에서 가장 선명한 일출이 유명하다. 공원 입구에 다소 요란하게 생긴 대게 조형물만 빼면 공원은 너무나도 평화롭다. 축제기간 에만 행사장이 개설되고 이외 시즌에는 한적하다. 해안 쪽 에 놓인 침대벤치에 누워 커피 한잔을 하며 동해바다를 보면 이곳이 바로 동해안 최고의 명당이다. 공원 주위로 놓인 1,500여 개의 나무계단을 한 개씩 디디며 해안을 둘러보면 어느새 마음속 깊은 곳까지 동해바다처럼 깨끗해진다.

시원한 동해 절경을
감상할 수 있는
드라마 <런온> 촬영지,
이가리 닻 전망대.

피톤치드 분출구역, 메타세콰이어숲

피톤치드는 숲속의 식물들이 만들어내는 살균성 물질이다. 숲속의 향긋한 풀냄새가 바로 피톤치드이다. 피톤치드는 정신적 안정감 이외, 피부를 소독하는 약리 효과가 있고 기관지 천식 치료와 심장 강화에도 도움된다. 메타세콰이어(편백나무)는 다른 나무에 비해 10배 이상을 분비한다. 때문에 편백나무 숲을 다녀오면 천식이나 알레르기 있는 아이들의 몸이 크게 호전된다.

영덕에도 편백나무 숲이 있다. 전남 장성, 전북 전주처럼 대규모는 아니지만 지역주민 장상국 씨가 개인 사유지에 사비 들여 손수 가꾼 곳이다. 조용한 숲길 양옆으로 편백나무를 열 맞춰 반듯하게 심었다. 나무가 정렬되어 바람의 출입과 피톤치드의 흐름이 더 자유로운 듯하다. 수령이 오래되지 않

앉지만 젊은 수령의 편백나무는 더욱 활기차서 잎이 더욱 새

파랗다. 편백나무 아래에는 형형색색의 야생화들이 활기를

더해준다. 숲길은 400m이고 군데군데 벤치가 있어 쉬어갈

수 있다. 자동차 주차공간과 편의시설도 있지만 입장료를 받

지 않는다. 단지 쓰레기만은 꼭 치워줬으면 당부한다. 여행객

들은 본인의 쓰레기와 피톤치드를 잘 챙겨왔으면 한다.

죽죽뻗은
메타세콰이어 나무.

여행 정보

먹을거리

❖ 백리향
🏠 경북 영덕군 남정면 동해대로 3631
☎ 054-733-8288
전복해물짬뽕(16,000원)이 메인이다.
면이 없다고 당황하지 말자. 전복 여러
개와 새우, 꽃게, 홍합이 잔뜩 들어가고,
꼭대기는 커다란 문어가 통째로 올라왔
는데 어찌 면이 보이겠는가? 재료가 떨어
지면 조기마감이다.

❖ 나비산 기사식당
🏠 경북 영덕군 강구면 강산로 10
☎ 054-733-2552
영덕의 대게와 쌍벽을 이루는 별미는
'물가자미(미주구리)'다. 심해에서 뻘에
주로 사는데 100%자연산이다. 싱싱한
물가자미에 갖은 양념과 채소를 올린 탕
이 시원하다.

❖ 수석분식
🏠 경북 영덕군 영덕읍 남석2길 7
☎ 054-733-8822
이름만 분식이지, 깔끔한 한옥집에 예사
롭지 않은 수석들이 가득하다. 6,000원
이면 든든한 보리밥 한 끼를 먹을 수 있
다. 분식보다는 푸짐한 중식에 가깝다.
보리밥(6,000원), 추어탕(7,000원).

❖ 사계절대게직판장
🏠 경북 영덕군 강구면 강구대게길 52
☎ 054-734-2777
영덕의 대게식당은 너무도 많다. 다들
상향평준화되어 있다. 사계절대게직판
장은 제일 큰 가게 중 하나다. 영덕에서
덤터기만 안 쓰면 대게는 다 맛집이다.

숙소

❖ 장사해수욕장 캠핑장
🏠 경북 영덕군 남정면 동해대로 3578
해수욕장 주차장을 기준으로 북쪽(A)과 남쪽(B)에 캠핑
이 가능하다. B캠핑장에서 해변쪽 주차장은 차박하기 적
당하다.

볼거리

❖ 문산호 호국전시관
🏠 경북 영덕군 남정면 장사리 703-2
인천상륙 성공을 위해 영덕상륙이라는 양동(기만)작전을
펼쳤다. 당시 꽃다운 학도병들이 전사했고 이를 추모하기
위해 상륙선을 만들어 기념공원으로 개장했다.

❖ 옥계계곡
🏠 경북 영덕군 달산면 팔각산로 662
팔각산과 동대산 골짜기에서 흘러내린 두 물줄기가 만나
서 이루어진 계곡으로 옥같이 맑고 투명한 물이 흐르는
기암괴석이 절경인 계곡이다.

교통편

❖ 장사해수욕장
☎ 054-732-5214
기차편은 수도권에서 포항역까지 KTX로 이동 후, 환승하
여 장사역까지 간다. 버스편으로는 영덕시외터미널까지 가
서 영덕~장사 운행하는 마을버스(일 6회)를 탄다. 개장시
즌(7.10~8.20)에는 야영비와 주차비를 받는다.

❖ 해파랑공원
🏠 경북 영덕군 강구면 영덕대로 132
장사해수욕장에서 차로 15분(10.5km)거리다. 기차로는
장사역에서 한 구간(6분)인 강구역에서 하차하거나, 마
을버스(영덕~장사)를 타고 강구시외버스터미널에서 내려
18분(1.3km) 걸으면 갈 수 있다.

오지성 ★★★☆☆ 난이도 ★★★☆☆

국내 최대 규모의 천연 늪인 우포늪은 모든 생명이 잠시 쉬었다 갈 수 있도록 너른 품을
제공한다. 우기에는 수분을 머금고 있다가 건기에는 주변에 베푸는 모습에, 그 품이
더 따뜻하게 느껴진다. 우포늪 생명의 길을 걸으며 초록이 주는 생생한 생명력을 몸소 느껴보자.

우포늪 왕버들.

태고의 신비를 간직한 **창녕
우포늪**

하늘에는 천지, 땅에는 우포

1억 4천만 년 태고의 신비를 간직한 생명의 보고 우포늪. 둘레 7.4km, 넓이 70만 평으로 국내 최대 크기의 자연습지이다. 우포의 넓은 품 안은 500여 점의 토종 동식물과 계절 손님 철새의 삶의 터전이기도 하다.

원형의 모습을 간직하고 있는 우포늪은 습지보호기구인 람사르총회에서 보호습지로 지정(1998년)했고 이어 우리 환경부는 습지보호구역(1998년)과 천연보호구역(2011년)으로 선정하여 우포늪을 보존하고 있다. 무엇보다도 지역주민들이 공동체를 구성해서 우포늪을 보호 중이다.

우포를 한 바퀴 둘러보는 '우포늪 생명의 길'은 8.4km로 약 3시간 거리다. 걷기가 부담스러우면 자전거 대여도 가능하

우포마을 야영장은 인근에 트레킹하기 좋은 장소가 지천에 널려 있다.

다. 여느 자연공원의 데크길과 달리, 우포는 자연 그대로의 흙길이다. 흙길 따라 울창하게 늘어진 가로수는 시원한 그늘 길을 제공해준다. 우포늪 전망대에 오르면 넓은 우포늪을 한눈에 담을 수 있다. 전망대를 오르는 숲길에 듬성듬성 누운 나무계단을 오르면 송송 솟은 땀방울에 짙은 초록내음이 배는 듯하다. 둘레길의 절정은 출렁다리이다. 100m짜리 긴 흔들다리가 늪과 수풀 위로 지난다. 물안개라도 핀다면 바로 신선길이다.

봄, 가을 아침에 우포늪의 물안개는 정말 환상적이다. 수많은 아마추어 사진사들에게 우포늪은 꼭 거쳐야 하는 사진 성지이다. 나무배에 올라 노를 젓는 어부의 모습이 유명한데 따로 모델비용을 받는다는 후문이다. 이른 아침 산책을 할 때는 꼭 핸드폰이나 카메라를 챙기자.

커다란 돌이
안전하게 다리가
되어주니 안심이다.

직접 손으로 느껴보는 늪의 매력,
우포늪생태체험장

우포늪은 보호구역이기 때문에 낚시나 입수가 불가능하다. 보다 적극적으로 늪의 매력을 느끼고 싶다면 우포늪생태체험장을 추천한다. 우포마을 캠핑장의 가장 큰 장점은 아이들이 우포늪을 직접 체험하며 생태교육을 받을 수 있다는 것이다. 캠핑장 주인의 안내로 우포 어부체험, 이제는 거의 사라져가는 나룻배 타기, 직접 손으로 진흙을 묻히며 우렁이, 논고동을 잡을 수 있는 생태체험 등 여러 가지 체험활동을 할 수 있다. 또 마음껏 공을 차며 뛰어놀 수 있는 넓은 운동장이 있고 여름에는 아이들을 위한 수영장도 운영해 아이들이 좋아한다.

체험공간 이외에도 디지털수족관, 생태학습존과 체험존, 수족관, 전망대로 구성된 전시관이 있다.

우포늪 생태관을
둘러보는 것을 잊지
말자.

여행 정보

먹을거리

❖ 우포랑따오기랑
🏠 경남 창녕군 유어면 우포늪길 191
☎ 055-532-4968
우포늪의 향토음식인 논고동(논우렁이)
과 추어탕을 맛볼 수 있다. 논고동정식(1
인, 10,000원)이 대표음식이다.

❖ 우포늪식당
🏠 경남 창녕군 유어면 우포늪길 187
☎ 055-532-8649
우포늪에서 잡은 메기, 붕어, 잉어 등의
민물고기를 탕과 찜으로 맛볼 수 있다.
아침식사도 가능하다.

❖ 양반청국장
🏠 경남 창녕군 창녕읍 화왕산로 64
☎ 055-533-0066
청국장보쌈정식(1인, 10,000원)이 메인
이다. 청국장, 순두부찌개 등 간단한 메
뉴부터 오리불고기, 오리훈제 등 요리도
준비되어 있다. 밑반찬이 깔끔하고 청국
장과 고추장 맛이 좋다.

숙소

❖ 화왕산자연휴양림
🏠 경남 창녕군 고암면 청간길 128-126
☎ 055-533-2332
화왕산자연휴양림과 우포늪은 약 20km
(30분)거리이다. 다소 거리가 있지만 화
왕산 트레킹을 즐길 수 있다. 숙박시설
(20채)은 편백나무로 쾌적하게 꾸며 놓
았고, 야영데크(10곳)도 운영한다.

❖ 우포5mile 펜션
🏠 경남 창녕군 이방면 우포2로 213-7
☎ 010-2203-3560
• **홈페이지** : www.upo5mile.com
우포늪 바로 옆에 위치한 펜션이다

❖ 우포생태촌 유스호스텔
🏠 경남 창녕군 이방면 안리 1364-5
☎ 055-532-5500
• **홈페이지** : upovill.cng.go.kr
우포늪과 1km 거리이다. 초가 객실(3개)과 너와집 객실
(12개), 야영장(8개)을 운영한다.

볼거리

❖ 화왕산
🏠 경남 창녕군 창녕읍 옥천리 산 322
☎ 055-530-2497
드라마 '허준'의 촬영지이다. 봄에는 진달래, 여름에는 시
원한 계곡, 가을에는 억새, 겨울에는 동화 같은 설경이 아
름다운 산이다. 등산코스는 오르는 길에는 경치 좋은 1등
산로를, 내려오는 길은 쉬운 3등산로를 추천한다.

기본 정보

❖ 우포늪과 창녕의 여행정보는 창녕군 홈페이지에 정리
되어있다.
• **홈페이지** : www.cng.go.kr/tour.web

❖ 우포늪 생명의길
🏠 경남 창녕군 유어면 우포늪길 220
☎ 055-530-1553
우포늪 생명의길 걷기가 부담스러우면 자전거대여를 추
천한다.

오지성 ★★★★☆　**난이도** ★★★★☆

일출과 일몰을 한자리에서 볼 수 있는 아름다운 비진도해변.
100년 이상 된 해송 수십 그루가 시원한 그늘을 만들어 무더위를 피해
비진도해변을 찾아온 피서객들을 환영해주고 있다.

비진도는 길게 뻗은 해안선 때문에 일몰과 일출을 동시에 즐길 수 있는 곳이다.

코발트빛 바다와 우윳빛 백사장을 만날 수 있는 **통영**
비진도해변

무한대(∞)를 즐기는 법, 비진도

경상남도 통영 앞바다는 보석 같은 자그마한 섬들을 많이
품고 있다. 통영 비진도도 보석 중 하나다. 예로부터 비진도
는 섬 주변의 기암괴석과 진귀한 산초들이 풍부하고 바다에
도 해산물이 풍부해 보배에 비견할 만한 섬이라는 뜻에서
비진도라는 이름을 얻게 되었다.

비진도는 모래시계나 무한대 기호(∞)같이 생김새가 독특하
다. 비진도는 북쪽 방향의 안섬과 남쪽의 바깥섬 양쪽으로
나뉘는데, 이 두 섬은 가느다란 사구로 연결되어 있다. 비진
도해변은 안섬과 바깥섬을 연결하는 모래시계 허리에 해당
한다. 서쪽은 은모래사장, 동쪽은 몽돌해변으로 구성된 특

비진도는 낚시
포인트가 산재해
있다.

비진도 동백나무
군락지를 만나는
것은 또 다른
즐거움을 던져준다.

이한 형태의 해변이다. 아침에는 거센 물결치는 몽돌해변에서 하루를 힘차게 시작하고 저녁에는 은은한 은모래사장에 비친 노을과 함께 일과를 마감할 수 있다. 특히 곡선으로 뻗은 550m 길이의 은모래사장은 수심이 얕고 모래가 고와, 가족 단위로 수영하기에 적당하다. 이 섬을 즐기는 방법은 생김새처럼 무한대이다.

비진도는 우럭, 돔 등이 잘 낚여 강태공들이 무척 좋아하며 여름에는 제트스키, 바나나보트, 스노클링 등을 즐길 수 있다. 비진도는 멍게, 해삼 등 싱싱한 해산물로 유명하지만 사실 비진도의 특산물은 돌미역과 땅두릅(3~6월)이다. 비진도 톳은 지금도 일본으로 전량 수출된다고 한다.

비진도 내항 부근에는 천연기념물 제63호로 지정된 팔손이 나무자생지가 있다. 산책 겸해서 둘러보기에 좋다. 또 형제바위, 용천암, 부처바위, 촛대바위, 수달동굴, 상투바위 등 기암괴석도 놓치지 말자.

한려해상 바닷길 중에 으뜸, 비진도 산호길

통영 인근 섬들 중에 6개의 뛰어난 경치의 길을 추려 '한려해상 바다백리길'이라 부른다. 6개의 바닷길 중에 '비진도 산호길'이 으뜸으로 뽑힌다. 비진도의 맑은 바닷길이 산호빛깔이라 '비진도 산호길'이라고 불린다. 바깥섬의 외항에서 시작하여 산호길을 한 바퀴 돌면 3시간(4.8km)이다. 가파른 산길도 많아 쉽지 않은 코스이다.

외항에서 바깥섬을 오른쪽(반시계 방향)으로 끼고 돌면 '외항→비진해수욕장→동백 군락지→비진암→노루여전망대→선유봉→미인도전망대'를 지나 다시 외항으로 돌아온다. 물론 반대 방향으로 돌아도 된다. 다만 반대 방향의 시작은 완만한 길이지만 갈수록 힘이 든다. 코스 방향만 잡았다면 외항부터 시작되는 파란안내선(바다백리길)을 따라가면 된다.

산호길 코스 중에서도 절정은 '미인도전망대'이다. 미인도는 아름다움을 간직한 비진도의 또 다른 이름이다. 바깥섬과 안섬 그리고 이 둘을 이어주는 사주가 한 장면에 들어온다. 가깝게는 코발트빛 비진도 바다가 보이고 멀리로는 용초도, 한산도가 보인다. 사진으로 보던 비진도의 비경이 바로 이곳이다.

비진도는 낚시뿐만 아니라 천혜의 트레킹코스를 갖고 있다.

비진도의 또
다른 이름,
미인도. 비진도의
아름다움은
무한대이다.

운치 충만한 비진도해변 캠핑

비진도해변은 일출과 일몰을 한 번에 볼 수 있다. 코발트빛
바다가 섬을 둘러싸고 있는 데다가 화장실, 개수대, 샤워실
등 편의시설을 잘 갖추고 있다. 또한 해변 언덕에는 수십~수
백 년 이상 묵은 해송이 그늘을 드리우며 천혜의 캠핑장소
를 제공한다. 그러다 보니 공식적으로는 7~8월 두 달간 개
장하는 해변이지만 비시즌에도 이곳을 찾는 캠퍼들이 점점
늘고 있다.

과거에는 비진도에 차량으로 들어갈 수 있었지만 현재는 차
량은 섬에 들어가지 못하도록 바뀌었다. 차량은 통영여객터
미널이나 유람선터미널에 주차하고 짐만 챙겨서 다녀오자.
비진도해변을 가려면 해변과 가까운 비진도 외항에서 내리
는 것이 여러모로 좋다.

비진도해변에 텐트 칠 자리가 없을 때는 비진도해변 주변에
있는 민박집에 사이트를 구축하는 것이 가장 좋다. 민박집은
외항과 비진도해변 주위에 몰려 있고 내항 주변에는 없다.

『김약국의 딸들』의 고장 통영을 거쳐
비진도로

비진도에 들어가려면 반드시 통영을 거쳐야 한다. 먼저 수도
권에서 통영을 거쳐 배를 타고 비진도에 들어간다. 서울에
서 버스를 이용할 경우, 서울고속버스터미널 혹은 서울남부
터미널에서 버스를 타 약 4시간 20분가량을 달려 통영종합
버스터미널에서 내리면 된다. 서울에서 기차를 이용할 경우,
KTX를 이용해 진주역에 내려 시외버스를 탄 뒤 약 1시간
30분을 달리면 통영항여객선터미널에 도착한다. 가급적 한
번에 통영까지 갈 수 있는 고속버스를 이용하자. 서울에서

비진도는 통영항
여객선 터미널에서
승선한다.

통영까지 가는 길이 멀어 지난할 경우, 통영을 배경으로 한 박경리의 장편소설 「김약국의 딸들」을 읽어보자. 통영종합버스터미널에서 통영항여객선까지는 차로 약 15분. 통영항여객선터미널에서 비진도까지는 평일 3회, 주말 5회 운항하는 배를 타면 된다. 왕복 요금은 16,800원. 자세한 문의 사항은 한솔해운(055-645-3717), 통영여객선터미널(055-642-0116)에 문의하자.

여행 정보

먹을거리

비진도에는 식당이 4개뿐이다. 통영여객터미널 인근에 맛집이 많다. 입도 또는 귀갓길에 통영 맛집을 들르자.

❖ 다담아해물뚝배기
🏠 경남 통영시 항남5길 12-5
☎ 055-648-3558
해물뚝배기(12,000원), 바지락비빔밥(12,000원), 굴국밥(8,000원)이 메인이다.

❖ 오미사꿀빵
🏠 경남 통영시 도남로 110
☎ 055-646-3230
통영여객터미널 건너편 1km 정도 거리다. 60년 역사의 유명한 전통빵집으로, 팥빵에 꿀을 바르고 깨를 뿌려서 만든 빵을 우유와 먹으면 정말 맛있다. 달걀만한 빵 10개 모둠이 8,000원이다.

❖ 해동회맛집
🏠 경남 통영시 한산면 외항길 14
☎ 055-642-9687
비진도 내 식당이다. 사장님이 직접 잡은 생선으로 만든 해물회와 멍게비빔밥, 물회 등이 준비되어 있다.

숙소

❖ 비진도해변 캠핑장
🏠 경남 통영시 한산면 비진리 산 99-2
☎ 055-650-3600(한산면사무소)
별도의 예약이나 캠핑료 없이 자유롭게 이용할 수 있다.

볼거리

❖ 팔손이나무자생지
🏠 경남 통영시 한산면 비진리 산 51
잎이 손바닥모양으로 7~9갈래 갈라져서 팔손이나무라고 부른다. 천연기념물 제63호로 자생하는 곳은 비진도와 몇몇 섬들뿐이다. 거창한 풍경은 아니지만, 평지길로 가족과 가볍게 다녀올 수 있다. 통영섬여행 홈페이지(www.badaland.com)에 그 밖의 더 많은 여행 정보가 잘 정리되었다.

통영 남쪽으로 모여 있는 크고 작은 섬 중, 바다를 즐기기에 가장 좋은 섬 욕지도가 있다.
통영에서도 뱃길로 1시간쯤 걸리는 섬이 무슨 이유로 많은 사람들이 찾을까?
낚시, 해수욕, 바다 관광 등 무한하게 펼쳐진 바다가 주는 즐거움 때문일 것이다.

욕지도 빈 공간 한편에 텐트를 펼친다.

해산물과 볼거리로 풍족한 **통영 욕지도**

'알고자 하거든' 욕지도로

경상남도 통영시 욕지면의 욕지도는 해산물이 풍부하고 인심 좋은 전형적인 섬마을이다. 그동안 섬 산행하는 사람들과 트레킹을 하며 야영하는 사람들에게 알음알음 알려지기 시작하다가 지금은 꽤 많은 사람들이 산행이나 트레킹을 위해 찾고 있다.

욕지도는 일반인들에게 이름이 많이 알려지지 않았지만 깜짝 놀랄 만큼 아름답고 신기한 비경을 지닌 섬이다. 밤하늘을 수놓은 별들처럼 통영 앞바다에 뿌려진 39개의 섬을 아우르는 욕지면의 본섬이 바로 욕지도이다. 면적은 14.5㎢으

욕지도 최고의 일몰감상지는 흰작살해수욕장을 지나, 덕동해수욕장 가는 길이다.

로 여의도 면적의 5배이고 해안선 길이가 31km로 큰 섬이다. 섬의 규모가 인근의 섬들에 비하면 큰 편이지만, 마땅히 관광지와 캠핑할 곳이 없어 이곳을 찾는 이가 많지 않았다. 천혜의 자연이 개발되면서 관광객이 아쉽지만(?) 조금씩 늘고 있다.

욕지도는 '할 욕(欲)'자에 '알 지(知)'자의 한자식 지명이다. 직역하면 '알고자 하거든' 섬이다. 자연의 풍족함과 가족의 소중함을 '알고자' 할 때, 그 답을 줄 수 있는 곳이 바로 '욕지도'다.

욕지도 트레킹과 드라이브

욕지도 천황봉(393m)을 등산하는 것도 좋다. 등산 코스는 천천히 가면 한 시간가량 걸려 폭포까지 오르는 코스가 적당한데 어린이들이 오르기에도 무리가 없다.

좀 더 활동적인 것을 원한다면 욕지도를 완주하는 4시간 30분짜리 트레킹 코스에 도전해보는 것도 나쁘지 않다.

욕지도에 자동차를 가지고 가면 차박, 드라이브 등 선택지가 다양해진다. 특히 욕지도 일주 드라이브코스는 볼거리도 가득하다. 욕지도 서쪽의 둘레는 17km이다. 섬의 중턱을 깎아 바다를 보며 달릴 수 있도록 일주도로가 말끔히 정비되었다. 도로는 우측통행이기 때문에 반시계방향으로 도는 것이 바다 구경하는데 유리하다. 일주코스는 섬 중앙에 있는 천황봉을 중심으로 서쪽 섬을 둘러본다.

오래된 영화세트장 같은 자부마을(좌부랑개), 간첩이 찾을

징도로 한적하고 동엉바나와 여객선이 훤히 보이는 대풍바위전망대, 흰색조약돌과 코발트빛 바다가 있는 흰작살해변, 몽돌해변을 전세로 낸 듯 조용한 도동해변, 환상적인 노을을 볼 수 있는 유동노을전망대, 일출과 펠리컨바위의 실루엣을 동시에 볼 수 있는 새천년기념공원 그리고 욕지도 제1경으로 뽑히는 출렁다리를 둘러보면 욕지도의 볼거리를 겉핥기라도 둘러본 셈이다. 이 외에도 멋진 비경이 많다. 꼭 위의 볼거리만 아니라 차창 밖으로 멋진 풍경이 보이면 잠시 멈춰 즐겨보자. 욕지도는 그럴 곳이 많다.

고구마와 고등어가 먹을거리

고구마는 경사진 밭에서 일조량이 풍부하고 물빠짐이 좋아야 하는데, 딱 욕지도를 말하는 듯하다. 거기에다 욕지도 고구마는 바닷바람을 맞고 자라 수분이 적고 당도가 뛰어나다. 고구마를 도넛으로 만들어 먹는데 별미다. 고구마 도넛과 라떼를 판매하는 고메원 도넛이 대표적인 도넛 맛집이

덕동해수욕장의 루어 낚시는 곧잘 입질을 가져다준다.

욕지도까지는 통영에서 카페리(car ferry)를 이용한다.

다. 맛도 맛이지만 가게 테라스의 풍광이 원체 좋아서 욕지
도 필수코스로 뽑힌다.

일제강점기 때 욕지도는 고등어의 주산지였다. 고기가 풍
부했던 욕지도는 고등어를 고기 취급도 않았지만 일본에서
는 고등어를 맛본 사람들이 계속 찾아 인기가 많았다고 한
다. 욕지도는 참치가 양식이 될 만큼 천혜의 어업 환경을 가
졌다. 욕지도 고등어는 살이 많이 오르고 활동량이 많아 살
이 탱글하다. 고등어는 비싼 고기가 아니지만 고등어회는
비싸다. 싱싱한 활어상태가 아니면 고등어회는 비린내가 난
다. 욕지도는 양식장에서 갓 나른 고등어를 바로 회쳐서 먹
기 때문에 제대로 된 고등어회맛을 볼 수 있다. 욕지도에서
는 고등어 말고도 횟감이 좋다.

욕지도에서는 일출과
일몰을 놓치면
아쉽다. 일출을
감상하기 좋은 곳은
삼여마을 고갯마루다.

유동해수욕장은
아주 작은 개인
해수욕장같은 느낌을
준다.

먹을거리

❖ 한양식당
🏠 경남 통영시 욕지면 서촌윗길 183-3
☎ 055-642-5146
새우와 주꾸미가 들어간 짬뽕(7,000원)
이 대표메뉴이다.

❖ 해녀김금단포장마차
🏠 경남 통영시 욕지면 욕지일주로 91-5
☎ 010-3633-5136
고등어회(중, 35,000원)가 대표 메뉴이
다. 씹을수록 고소한 맛이 난다. 초장보
단 간장이다.

❖ 욕지1번가
🏠 경남 통영시 욕지면 욕지일주로 81
☎ 055-646-5855
한 상 주문 시 해물과 밑반찬이 나오고,
물회 또는 전복죽 중 택1.

❖ 욕지고메원
🏠 경남 통영시 욕지면 옥동로 117
☎ 055-649-5989
고구마도넛 1개 2,500원, 6개 15,000원
(박스포장).

숙소

❖ 파라다이스펜션캠핑장
🏠 경남 통영시 욕지면 유동길 111
☎ 010-3579-1145
폐교된 양유분교를 캠핑장으로 꾸몄다.
바다 경치가 뛰어나고, 석양이 장관이
다.

❖ 대풍바위 오토캠핑장
🏠 경남 통영시 욕지면 욕지일주로 301
☎ 010-4100-9922
시내와 가깝고 역시나 바다 경치도 일품이다.

❖ 욕지도 지중해펜션
🏠 경남 통영시 욕지면 관청길 63
☎ 010-3544-3302
수영장, 바비큐장 등 편의시설이 잘 갖춰 있고, 예쁜 정원
에서 내려다 본 욕지항 전경이 일품이다. 단, 차가 없다면
욕지항쪽 민박을 추천한다.

즐길 거리

❖ 일주버스
🏠 경남 통영시 욕지면 욕지일주로 79(욕지면관광안내소)
욕지도를 순환(50분)하는 빨간 버스로 기사님의 재치 있
는 입담으로 욕지도 명소를 소개한다. 요금은 1,000원이
고 버스 진행방향 오른쪽이 오션뷰이다. 일일 6회(06:50,
08:35, 11:05, 12:30, 15:00, 16:30) 운영한다.

❖ 사륜바이크
🏠 경남 통영시 욕지면 서촌아랫길 59-10
☎ 010-3582-9341
1대(2인) 시간당 20,000~25,000원.

❖ 모노레일
🏠 경남 통영시 욕지면 욕지일주로 1467
☎ 055-648-9861
대인 왕복(15,000원), 안개 있는 날씨에는 경치가 잘 보이
지 않는다.

오지성 ★★☆☆☆　**난이도** ★☆☆☆☆

서로 인정을 베풀어야 들어갈 수 있는 마을이 있다. 바로 무섬마을이다. 소백산맥에서
발원한 내성천을 건너기 위해서는 좁은 외다리를 서로 배려하고 양보해야 한다.
한옥과 초가집이 조화롭게 어우러진 무섬마을을 보니, 이곳 주민들의 성품이 짐작된다.

이 마을을 지키는 터줏대감 해우당고택.

옛것과 진솔한 대화 영주
무섬마을

情을 교차하는 외나무다리

소백산맥과 태백산맥의 산기슭을 굽이굽이 흐른 맑은 물이 내성천에 모인다. 다시 이 물줄기는 무섬마을을 한 바퀴 감싸고 낙동강으로 합류한다. 육지 속의 섬인 이곳, 무섬마을은 안동 하회마을, 예천 회룡표와 함께 경북 3대 물돌이동으로 뽑힌다.

굽이굽이 굽은 내성천이 새 둥지처럼 동그랗게 마을을 감싸 안고 도는 곳에 사람 딱 한 명 지나갈 만한 나무다리가 놓여 있다. 동네 주민들이 직접 손으로 만든 이 다리는 얕은 구간을 건너기에 알맞다. 지금은 오래된 교량이 무섬마을과 바깥세상을 이어주지만, 교량이 없던 70년대까지 무섬마을들은 외나무다리를 타고 밖으로 나가야만 했다.

원수는 외나무다리에서 만나지만, 두 뼘 너비의 외나무를 건너기 위해서는 서로에 대한 배려가 필요하다. 오래전에는 한 사람이 나무에 걸터앉고 건너편의 사람이 뒤를 타고 넘었다. 지금은 대피용 다리를 군데군데 더해서 걱정 덜고 지날 수 있다. 외나무다리 건너편에 아담한 전통 가옥마을이 보인다. 바로 무섬마을이다.

해우당고택.

무섬마을 외나무다리.

묵은 옛것이 주는 진솔함, 무섬마을 고택촌

풍수적으로 길지 중 길지로 손꼽히는 이곳은 태백산맥의
아름다운 산세와 백색의 백사장 그리고 40여 가구의 한옥
들과 어우러져 예스러움을 자아낸다. 무섬마을은 반남박
씨와 선성김씨 집성촌이다. 박수 어르신이 무섬마을을 처
음 세운 것은 1666년 일이다. 무섬마을의 가장 오래된 가옥
인 만죽재(경북 민속문화재 제93호)를 세웠다. 이곳은 반남
박씨의 종가이자, 350년째 후손들이 창호 하나까지 그대로

보손해오고 있다. 만죽재는 마을 제일 높은 곳에 터를 잡았다. 겨울에 눈이 오면 제일 먼저 녹는 곳이 바로 만죽재인데, 태백산과 소백산이 태극 모양으로 만나는 최고의 명당자리라 그렇다고 한다. 이외에도 안채와 사랑채가 직선형으로 배치된 독특한 구조의 해우당(경북 민속문화재 제92호), 추위와 산짐승으로부터 보호하기 위한 까치구멍집 형태를 띠고 있는 박천립 가옥(경북 민속문화재 제364호) 등 독특한 고택 40여 개가 모여 있다.

무섬마을에는 종가를 지키는 후손부터 오랜 외지생활 후 귀농하신 분까지, 나이 지긋하신 어르신들이 주로 계신다. 한옥 관리는 손이 많이 가고 간혹가다 수리가 필요할 때는 자못 큰돈이 든다. 어르신들은 한옥 민박체험을 통해 수익을 얻어 무섬마을을 가꾸고 있다.

만죽재.

먹을거리

❖ 무섭식당
🏠 경북 영주시 문수면 무섭로 238-3
☎ 054-632-6213
무섬마을의 유일한 식당이다. 무섬정식
(15,000원), 청국장(8,000원) 등이 주메
뉴이다.

숙소

❖ 전통한옥체험
• **홈페이지** : musum.kr
→ 전통한옥체험
홈페이지에 체험 가능한 가옥사진과
가격, 연락처 등의 정보가 잘 정리되어
있고 예약까지 가능하다. 가옥에 따라
50,000~100,000원 선이다.

볼거리

❖ 마을해설도우미
방문 당일 안내소에서 신청 가능하고, 무료로 안내를 받
을 수 있다. 자세한 내용은 musum.kr 홈페이지를 참고하
자.

❖ 부석사
🏠 경북 영주시 부석면 부석사로 345
배흘림기둥으로 유명한 부석면 봉황산 기슭에 자리한 부
석사는 무섬마을과 45분(37km) 거리에 있다.

❖ 희방사
🏠 경북 영주시 풍기읍 죽령로1720번길 278
☎ 054-638-2400
희방사를 거쳐 연화봉, 죽령 휴게소(11.4km, 4시간 30분)
로 이어지는 소백산 트레킹은 명품코스이다.

태고의 모습 그대로 원시 자연림을 간직한 # 청송
신성계곡

느낌과 쉼, 청송(靑松)

청송은 느낌과 쉼이 있다. 청송 어디를 가든 맑은 물과 울창한 숲이 반기고 마치 마음의 고향에 온 듯 편안하다. 청송의 청(靑)은 동녘과 젊음, 송(松)은 장수(長壽)를 뜻한다. 즉 청송은 동녘에 있는 불로장생의 세계를 이야기한다. 천혜의 자연과 태고의 신비를 간직한 청송은 오지 여행에 빠질 수 없는 코스이다. 유네스코는 신성계곡을 태고의 신비를 풀어줄 지질명소로 지정했다. 계곡을 오르며 원시지구를 향해 한 걸음씩 다가간다. 신성계곡은 독특한 지질과 청정자연으로 주왕산국립공원 등을 제치고 청송 8경 중 1경으로 올랐다. 신성계곡 옆으로는 유네스코가 지정한 '청송세계지질공원'의 지질명소인 흰빛으로 빛나는 백석탄이 펼쳐 있다. 계곡의 암반에 서리가 내린 듯하다. 그 사이로 맑고 영롱한 계곡물이 흐른다. 우리 땅에서 흔히 볼 수 없는 진풍경이다.

한적한 계곡과 산길 따라 유유히 걸으면 점점 깊어가는 산속에서 태고의 신비가 고개를 내밀 것 같다.

여행 정보

❖ 신성계곡
🏠 경북 청송군 안덕면 신성리 신성계곡
☎ 054-870-6235

합천 오도산

오지성
★★★☆☆

난이도
★★★☆☆

오도산은 봄이면 진달래와 철쭉의 붉은 색감으로, 여름에는 시원한 계곡과 나무 그늘로, 가을에는 울긋불긋한 단풍으로 많은 캠퍼들을 끌어모으는 매력적인 곳이다.

표범의 마지막 서식지, 오도산

오도산은 가야산맥의 말단봉이다. 주위에는 북동쪽 두무산(1,038m), 북쪽 비계산(1,126m), 서남쪽 숙성산(899m) 등 장장한 산들이 많다. 오도산의 정상은 마치 촛대처럼 솟았는데, '하늘의 촛불' 같다 하여 오래전에는 천촉산이라 불렀다. 도선국사가 산속에서 깨달음을 얻은 곳으로 유명하다. 지실골, 한시골, 폭고골 등 깊은 계곡이 많고 오도산, 미녀산, 숙성산부터 흘러나오는 물로 수량이 풍부하다. 어쩌면 도선국사의 깨달음은 배경 덕분인 것 같다. 영롱한 오도산의 기운을 받아 합천군이 나서 산림치유 프로그램을 개발 중이다. 수백 년간 자생한 소나무와 맑은 계곡물이 흐르는 천혜의 자연을 가진 오도산은 힐링을 원하는 이들에게 인기가 많다. 오도산의 생태계 안정성과 야생성을 거론할 때 빼놓지 않고 이야기하는 것이 하나 있다. 지금은 우리나라에서 멸종 위기 1급으로 분류된 한국표범(아무르표범)의 최후 생포지가 바로 이곳 오도산이다.

여행 정보

❖ **오도산자연휴양림**
🏠 경남 합천군 봉산면 오도산휴양로 398
☎ 055-930-3733